여행은 꿈꾸는 순간, 시작된다

리얼
코타키나발루

여행 정보 기준

이 책은 2024년 1월까지 수집한 정보를 바탕으로 만들었습니다.
정확한 정보를 싣고자 노력했지만, 여행 가이드북의 특성상
책에서 소개한 정보는 현지 사정에 따라 수시로 변경될 수 있습니다.
변경된 정보는 개정판에 반영해 더욱 실용적인 가이드북을 만들겠습니다.

한빛라이프 여행팀 ask_life@hanbit.co.kr

리얼 코타키나발루

초판 발행 2024년 2월 2일

지은이 배나영 / **펴낸이** 김태헌
총괄 임규근 / **책임편집** 고현진 / **편집** 김태관
교정교열 조진숙 / **디자인** 천승훈, 김현수 / **지도·일러스트** 박민화
영업 문윤식, 조유미 / **마케팅** 신우섭, 손희정, 김지선, 박수미 / **제작** 박성우, 김정우

펴낸곳 한빛라이프 / **주소** 서울시 서대문구 연희로2길 62 한빛빌딩
전화 02-336-7129 / **팩스** 02-325-6300
등록 2013년 11월 14일 제25100-2017-000059호
ISBN 979-11-93080-23-8 14980, 979-11-85933-52-8 14980(세트)

한빛라이프는 한빛미디어(주)의 실용 브랜드로 우리의 일상을 환히 비추는 책을 펴냅니다.

이 책에 대한 의견이나 오탈자 및 잘못된 내용에 대한 수정 정보는 한빛미디어(주)의 홈페이지나 아래 이메일로
알려주십시오. 잘못된 책은 구입하신 서점에서 교환해 드립니다. 책값은 뒤표지에 표시되어 있습니다.

한빛미디어 홈페이지 www.hanbit.co.kr / 이메일 ask_life@hanbit.co.kr
페이스북 facebook.com/goodtipstoknow / 포스트 post.naver.com/hanbitstory

지금 하지 않으면 할 수 없는 일이 있습니다.
책으로 펴내고 싶은 아이디어나 원고를 메일(writer@hanbit.co.kr)로 보내주세요.
한빛라이프는 여러분의 소중한 경험과 지식을 기다리고 있습니다.

코타키나발루를 가장 멋지게 여행하는 방법

리얼
코타키나발루

배나영 지음

HB 한빛라이프

코타키나발루 여행은 그야말로 근사합니다. 우리가 상상하던 바로 그 휴양지가 눈앞에 펼쳐지거든요. 아침이면 투명하고 시린 에메랄드색 바닷가에서 산책을 해요. 물속에 뛰어들면 말미잘 속에 숨어 있던 니모가 고개를 빼꼼 내밀지요. 노랫소리에 맞춰 춤을 추는 반딧불을 만나고, 긴 코를 까딱이는 코주부원숭이와 인사를 나눠요. 열대 우림이 내뿜는 선선한 기운과 따끈한 온천을 경험하고, 세상에서 가장 큰 꽃이 피어나는 신비한 순간을 마주합니다.

이국적인 풍경 속에 친절한 웃음으로 반겨주는 사람들이 있어요. 골목을 누비다가 처음 맛보는 락사와 바쿠테의 향과 맛에 감탄해요. 달콤한 과즙이 행복지수를 높여주는 열대 과일들을 실컷 맛봐요. 선데이 마켓이 열리면 다른 곳에는 없는 독특한 기념품을 차곡차곡 수집하죠.

아무것도 하지 않을 자유를 누리면서 충만한 하루를 보내요. 저녁 무렵이면 선베드에 기대앉아 아름다운 노을 색깔의 칵테일을 한 잔 마셔요. 하늘에 더욱 가까운 루프톱 바에서 시원한 바람을 느껴도 좋겠네요.

아, 전투를 치르듯 묵은 설거지를 해치우다 말고, 답답한 회의실에서 머리를 싸매다 말고, 엉덩이와 씨름하며 원고 마감에 치이다 말고, 떼쓰는 아이를 간신히 재우다 말고 문득 고개를 듭니다. '여행 가고 싶다.'라는 말이 절로 튀어나오는 날, 행복했던 코타키나발루의 시간을 떠올립니다. 그러자 코타키나발루에서부터 불어온 한 줄기 바람이 지친 일상을 어루만집니다. 오늘을 살아갈 힘이 납니다. 〈리얼 코타키나발루〉가 일상을 보듬는 포근한 바람이기를, 떠나고 싶은 바람이 현실로 이루어지기를 바라요. 코타키나발루에서 우연히 만나면 다정한 눈인사를 나눠 보아요, 우리.

Thanks to

여행하는 모든 시간을 빛나게 해주신 수트라 하버 리조트의 허윤주 대표님, 이정화님, 이그린님, Adrian de Rozario, Daisy, 넥서스 리조트 앤 스파 카람부나이의 Thien Tsen Kiat, 샹그릴라 탄중 아루의 Claudina Wong, Cheryl Kong, 샹그릴라 라사 리아의 Jocelyn Untasan, Shirley Olim, Barry Em, 하얏트 리젠시 키나발루의 Alice Lo(nim), 더 루마 호텔의 Belinda Kam, 르 메르디앙 코타키나발루의 Jeremy Kabinchong, Geena Roslyna, 하얏트 센트릭 코타키나발루의 Regina Gong, 그란디스 호텔의 Evangeline Tseu, 포유말레이시아의 이상훈 대표님, 김혜경님, Calvin Tong, 올리비아 하우스의 올리비아님, 니모를 함께 만난 윤덕희님, 멸치과자의 참맛을 알게 해주신 잡퍼님과 빅벨님, 덕분에 즐겁게 여행할 수 있었습니다. 예쁜 책 만들어주신 한빛라이프의 고현진 팀장님, 김태관 편집자님, 김현수 디자이너님, 박민화 일러스트레이터님, 조진숙 교열자님 감사합니다. 든든하게 응원해주는 가족들, 씩씩하게 기다려주는 동동이에게 늘 고맙습니다.

배나영 남다른 취재력과 감각 있는 필력을 인정받아 여행작가이자 북튜버로 일한다. 포털사이트의 기획자에서 뮤지컬 배우에 이르는 폭넓은 경험을 자양분 삼아 다양한 매체에 여행 원고를 기고하며, 책과 여행에 관련된 강의를 진행한다. SBS 라디오 오디션 '국민 DJ를 찾습니다'에서 금상을 수상한 재주를 살려 유튜브에서 책을 소개하는 채널 '배나영의 Voice Plus+'를 운영하고, 'EBS세계테마기행', '한국의 둘레길', '한국기행' 등 다양한 여행 프로그램에 출연한다. 지은 책으로 〈리얼 방콕〉, 〈리얼 다낭〉, 〈리얼 국내여행〉 등이 있다.

인스타그램 @lovelybaena 네이버 인플루언서 @배나영 유튜브 배나영의 Voice Plus+

일러두기

- 이 책은 2024년 1월까지 취재한 정보를 바탕으로 만들었습니다. 정확한 정보를 싣고자 노력했지만, 여행 가이드북의 특성상 책에서 소개한 정보는 현지 사정에 따라 수시로 변경될 수 있습니다. 여행을 떠나기 직전에 한 번 더 확인하시기 바라며 변경된 정보는 개정판에 반영해 더욱 실용적인 가이드북을 만들겠습니다.

- 말레이어의 한글 표기는 국립국어원의 외래어 표기법을 기준으로 표기했습니다. 정확한 발음 표기가 어려운 말레이어 특성상 실제 현지 발음과 다를 수 있음을 미리 알립니다. 그 외 영어 및 기타 언어의 경우도 국립국어원의 외래어 표기법에 따랐습니다.

- 차량 및 도보 이동 시의 소요 시간은 대략적으로 적었으며 현지 사정에 따라 달라질 수 있으니 참고용으로 확인해 주시기 바랍니다.

- 이 책에 수록된 지도는 기본적으로 북쪽이 위를 향하는 정방향으로 되어 있습니다. 정방향이 아닌 경우 별도의 방위 표시가 있습니다.

주요 기호

🏃 가는 방법	📍 주소	🕐 운영 시간	❌ 휴무일	🆁🅼 요금
📞 전화번호	🏠 홈페이지	✈ 공항	🚶 명소	🍴 식당
🛍 상점	☕ 카페	🍸 바	💧 마사지	🛏 숙소

구글 지도 QR코드

각 지도에 담긴 QR코드를 스캔하면 소개된 장소들의 위치가 표시된 구글 지도를 스마트폰에서 볼 수 있습니다. '지도 앱으로 보기'를 선택하고 구글 지도 앱으로 연결하면 거리 탐색, 경로 찾기 등을 더욱 편하게 이용할 수 있습니다. 앱을 닫은 후 지도를 다시 보려면 구글 지도 애플리케이션 하단의 '저장됨' – '지도'로 이동해 원하는 지도명을 선택합니다.

Contents

PART 1

미리 보는
코타키나발루

PART 2

테마로 만나는
코타키나발루

PART 3

진짜 코타키나발루를 만나는 시간

리얼 가이드

PART 4

투어로 돌아보는
코타키나발루

PART 5

현지에서 바로 통하는
여행 준비

추천 여행 코스

미리 보는
코타키나발루

말레이시아 한눈에 보기

페낭

말레이시아

2시간 50분

2시간 30분

쿠알라룸푸르

2시간 10분

싱가포르

인도네시아

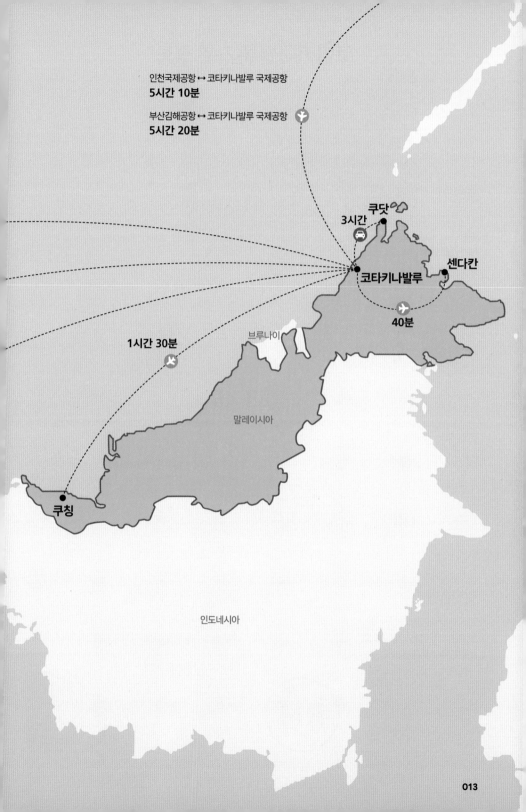

인천국제공항 ↔ 코타키나발루 국제공항
5시간 10분

부산김해공항 ↔ 코타키나발루 국제공항
5시간 20분

쿠닷

3시간

코타키나발루

센다칸

40분

1시간 30분

브루나이

말레이시아

쿠칭

인도네시아

코타키나발루 기본 정보

지역명

코타키나발루

보르네오섬 북쪽에 위치한
말레이시아 사바주의 주도.
지명은 '키나발루산의
마을'이라는 뜻이다.

Kota Kinabalu ●

Sabah

MALAYSIA

비행시간

인천, 부산 ↔ 코타키나발루

약 5시간 20분

시차

-1시간

한국 10:00 → 코타키나발루 09:00

통화

링깃(MYR)

말레이시아 링깃(MYR)을 사용한다.
1997년까지는 'M$'라는 기호를
사용했으나 현재는 'RM'을 사용한다.
1링깃은 100센(SEN)이다.

환전

1링깃 = 약 300원

원화 5만 원, 1만 원 지폐를
공항 및 시내 환전소에서 환전할 수 있다.

※ 2024년 1월 기준 1링깃 = 281원

관광 90일

관광 목적으로 방문할 경우
90일 동안 무비자로 여행할 수 있다.

말레이시아어

공식 언어는 말레이어이며
영어도 널리 통용된다.

이슬람교

말레이시아의 국교는 이슬람교이지만
종교의 자유가 보장되어 있다.
코타키나발루에는 이슬람교와 기독교,
불교, 힌두교 등 다양한 종교가
공존한다.

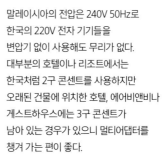

240V

말레이시아의 전압은 240V 50Hz로
한국의 220V 전자 기기들을
변압기 없이 사용해도 무리가 없다.
대부분의 호텔이나 리조트에서는
한국처럼 2구 콘센트를 사용하지만
오래된 건물에 위치한 호텔, 에어비앤비나
게스트하우스에는 3구 콘센트가
남아 있는 경우가 있으니 멀티어댑터를
챙겨 가는 편이 좋다.

· 코타키나발루 지역 번호 88

- 말레이시아 국가 번호 +60
- 대한민국 국가 번호 +82

평균 기온 영상 30도

1년 내내 덥고 화창한 열대 기후이지만
키나발루산 근처의 고지대는 서늘하다.
건기에도 잠깐 소나기가
지나가는 날이 있고, 우기에도
비가 흩뿌린 후 활짝 개는 날이 많아
1년 내내 여행하기 좋다.

숫자로 보는 코타키나발루

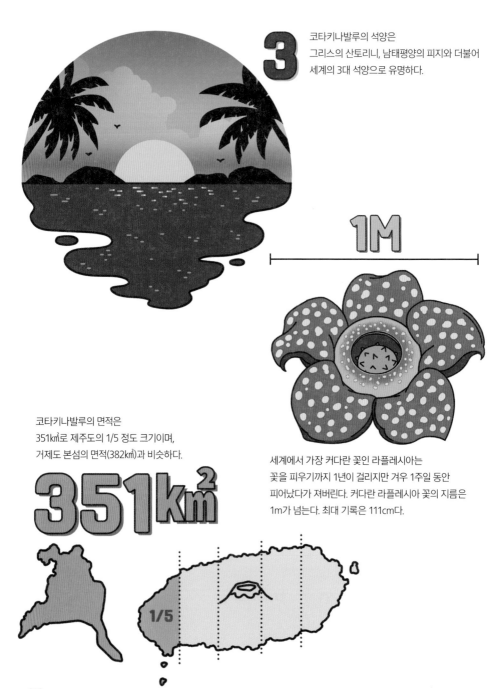

3

코타키나발루의 석양은
그리스의 산토리니, 남태평양의 피지와 더불어
세계의 3대 석양으로 유명하다.

1M

코타키나발루의 면적은
351㎢로 제주도의 1/5 정도 크기이며,
거제도 본섬의 면적(382㎢)과 비슷하다.

351㎢

세계에서 가장 커다란 꽃인 라플레시아는
꽃을 피우기까지 1년이 걸리지만 겨우 1주일 동안
피어났다가 져버린다. 커다란 라플레시아 꽃의 지름은
1m가 넘는다. 최대 기록은 111cm다.

1/5

4,095M

키나발루산은 동남아시아에서 가장 높은 산이다.
코타키나발루의 원주민들은
조상의 영혼이 머무는 신성한 산으로 여긴다.
최정상인 로우 피크Low's Peak의 높이가 4,095m다.

30도

코타키나발루의 연평균 기온은 30℃ 정도다.
아침의 평균 기온은 21~24℃ 로 선선하다가
낮에는 30~32℃ 로 높아진다.

999

경찰, 구급, 소방 모두 비상 전화번호로
999번을 사용한다.

5년

말레이시아의 국왕은 5년마다 바뀐다.
말레이시아는 13개의 주와 3개의 연방 직할구로
행정구역을 나누는데, 페낭, 말라카, 사바,
사라왁을 제외한 9개 주의 술탄Sultan 중에서
교대로 선출한다.

20,000마리

멸종위기종인 코주부 원숭이는 아시아에서 가장 큰
원숭이로 전세계에서 보르네오섬에만 살고 있다.
보르네오의 모든 지역에서 법으로 보호받고 있지만
지난 40년 동안 전체 개체수가 50%가량 감소해서
야생에 2만 마리 정도의 개체만 남아있는 것으로
파악된다.

코타키나발루 여행 캘린더

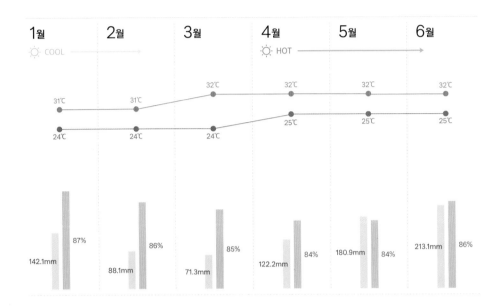

코타키나발루는 1년 내내 여름!

코타키나발루의 연평균 기온은 30℃ 정도로 1년 내내 더운 여름이다. 일일 기온은 한낮에 32℃까지 올라가지만 아침에는 보통 24℃ 정도여서 아침저녁에 그리 덥지 않게 지낼 수 있다. 우기와 건기로 구분되지만 우기에도 하루 종일 비가 내리지는 않아서 1년 내내 여행하기 좋다.

가장 더운 달은?

5월이 가장 더운 달이며 4월에서 6월까지는 일일 평균 고온이 32℃ 이상이고 체감온도는 그 이상으로 올라간다. 12월에서 2월까지는 평균 고온이 30℃ 정도로 낮아져서 관광지를 돌아다니기 좋다.

여행할 때 꼭 챙겨야 할 준비물은?

선크림과 선글라스는 필수. 외출할 때는 양산을 쓰고, 물을 자주 마시자. 물놀이를 할 때도 자외선을 차단할 수 있는 긴 옷을 준비하는 편이 좋겠다.

여행하기 가장 좋은 달은?

여행하기 가장 좋은 달은 1월부터 4월까지로 그리 무덥지 않고 화창한 날이 지속된다. 1월이 제일 선선한 달이며 2월까지 평균 저온이 24℃, 평균 고온이 31℃로 선선하다. 2월과 3월에는 비가 적게 내려 아름다운 선셋을 보기 좋다.

가장 비가 많이 오는 달은?

3월은 비가 가장 적게 오는 달이다. 4월 말부터는 비가 종종 내리기 시작한다. 여름이 지나면 비가 점점 많이 내리기 시작해서 9월에서 12월까지 비가 많이 온다. 가장 비가 많이 내리는 달은 11월이다. 11월에는 평균적으로 17일 정도 비가 내린다. 비가 소나기처럼 쏟아지지만 장마처럼 며칠씩 계속되지는 않는다.

성수기는 언제?

12월에서 4월은 여행 성수기로 숙박비가 조금 높아지고, 9월에서 11월 사이는 비수기로 숙박비가 조금 저렴해진다. 비가 많이 오는 계절에는 저렴해진 숙박비를 이용해 호캉스를 계획해보자.

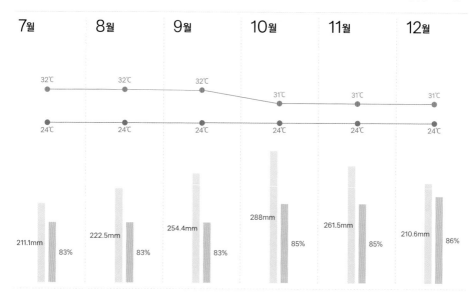

● 최고기온 평균　　● 최저기온 평균　　▯ 강수량　　▮ 습도

| 7월 | 8월 | 9월 | 10월 | 11월 | 12월 |

- 7월: 32℃ / 24℃ / 211.1mm / 83%
- 8월: 32℃ / 24℃ / 222.5mm / 83%
- 9월: 32℃ / 24℃ / 254.4mm / 83%
- 10월: 31℃ / 24℃ / 288mm / 85%
- 11월: 31℃ / 24℃ / 261.5mm / 85%
- 12월: 31℃ / 24℃ / 210.6mm / 86%

말레이시아의 주요 공휴일 ★2024년

- 1/1~2 신년 연휴(New Year's Day)
- 2/10~12 음력 설 연휴(Chinese New Year)
- 3/29 성금요일(Good Friday) 기독교의 부활절 전의 금요일
- 4/10 하리 라야 아이딜피트리(Hari Raya Aidilfitri) 한 달간의 라마단이 끝나는 날
- 4/9~12 하리 라야 푸아사(Hari Raya Puasa) 연휴 라마단의 금식을 완수한 것을 축하하는 이슬람의 축제
- 5/1 노동절(Labour Day)
- 5/22 웨삭 데이(Wesak Day) 부처의 탄생과 깨달음, 죽음을 기념하는 날
- 5/30~31 추수 축제(Harvest Festival) 사바, 라부안에서 추수를 기념하는 축제
- 6/3 국왕 생일 기념 휴일(Birthday of SPB Yang di-Pertuan Agong)
- 6/17~18 하리 라야 하지(Hari Raya Haji) 이드 알 아드하(Eid al Adha)라고도 부르는 이슬람의 희생제
- 7/7 무하람(Muharam) 전 세계의 무슬림이 기념하는 이슬람의 새해
- 8/31 메르데카 독립 기념일(Nation Day, Hari Merdeka) 영국의 식민지 지배를 받던 말레이시아의 독립기념일
- 9/16 말레이시아의 날(Malaysia Day) 말레이 연방 결성 기념일
- 9/16 선지자 무함마드 탄생일(Prophet Muhammad's Birthday)
- 10/31 디파발리(Deepavali) 전 세계 힌두교인들이 '빛의 날'로 기념하는 연휴
- 12/25 크리스마스(Christmas) 코타키나발루가 속한 사바주는 이브도 휴일

매년 달라지는 공휴일

말레이시아의 중요 공휴일인 무함마드 탄생일, 하리라야 푸아사, 하리라야 하지, 무슬림 신년 등은 이슬람 달력에 따라 매년 달라진다. 말레이시아의 전체 휴일을 알고 싶다면 아래의 홈페이지를 참고하자.

🏠 publicholidays.com.my

키워드로 보는 코타키나발루

동말레이시아 vs 서말레이시아
말레이시아

13개의 주와 3개의 연방직할구로 구성되어 있다. 행정구역과는 상관없이 말레이반도를 서말레이시아, 보르네오섬을 동말레이시아라고 부르곤 한다. 천연자원의 보고인 동말레이시아는 국가 전체 면적의 2/3를 차지하지만 인구는 전체의 20%가 산다. 동말레이시아는 지역적인 특성상 서말레이시아와는 역사적 문화적으로 많이 다르다. 동말레이시아인 보르네오섬에는 라부안 연방직할구에 속한 사바주와 사라왁주가 있고, 사바주의 주도가 바로 코타키나발루다.

보르네오섬 북부에 있는 주
사바, 바람 아래의 땅

보르네오섬의 북쪽에 위치한 사바는 말레이시아에서 사라왁 다음으로 두 번째로 큰 주이고 코타키나발루가 사바의 주도다. 사바주는 태풍 형성이 되는 지대의 바로 남쪽에 위치해 있어 "바람 아래의 땅"(negeri di bawah bayu)이라는 별명이 있다.

화려한 불빛으로 반짝이는 도시
아피아피

원주민들은 제셀턴(현 코타키나발루)을 아피-아피Api-Api라고도 불렀는데, '아피-아피'에는 성냥이나 반딧불이라는 뜻이 있다. 직설적으로 해석하면 '불-불'이라는 뜻이다. 축제를 벌이다가 폭죽의 불똥이 튀어 종종 나무나 짚으로 된 건물의 지붕에 불이 붙으면서 이 지역의 이름이 '아피아피'가 되었다고도 하고, 땔감으로 쓰던 까유 아피라는 나무가 이 지역의 해안을 따라 서식하고 있어서 붙여진 이름이라고도 한다. 가야 스트리트에서는 금~토요일 저녁마다 '아피아피 나이트 마켓'이 열린다.

보르네오섬의 역사와 함께 한
코타키나발루의 근현대사

코타키나발루 지역은 인도문화권으로 브루나이 제국의 영향 아래 있었으나 19세기에 브루나이 제국이 쇠퇴하면서 북보르네오만의 또 다른 역사를 쓰기 시작했다. 1881년 소규모의 영국인들이 가야 섬에 정착하기 시작했고, 1899년 영국의 북보르네오 특허 회사의 찰스 제셀턴이 새 정착지를 '제셀턴'이라고 명명했다. 제2차 세계대전 중인 1942년부터 1945년까지 일본이 북보르네오를 점령하면서 제셀턴과 산다칸을 포함한 많은 지역이 연합국의 포격으로 파괴되었다. 북보르네오는 일본의 항복 이후 독립을 선언했으나 다시 영국의 식민지가 되었다. 1963년 8월 31일 북보르네오는 영국으로부터 독립하면서 말레이시아로 편입되었고, 같은 해 9월 16일 북보르네오는 '사바'로, 제셀턴은 '코타키나발루'로 이름을 바꾸었다.

다양한 소수 민족과
다채로운 문화
코타키나발루의 문화적 다양성

코타키나발루에는 말레이계, 인도계, 중국계 외에도 사바주 전체 인구의 17%를 차지하는 카다잔두순Kadazan-Dusun족과 14%를 차지하는 바자우Bajau족 등 30개가 넘는 다양한 소수 민족이 존재하며 80개가 넘는 방언을 사용한다. 서말레이시아보다 무슬림의 비중이 적고, 기독교와 불교, 힌두교 등 여러 종교가 공존하며 서로의 문화를 존중한다.

보르네오섬의 귀염둥이
코주부 원숭이

길쭉한 코가 귀여운 코주부 원숭이는 코주부원숭이속의 유일한 종으로 긴코 원숭이(long-nosed monkey)라고도 불린다. 수컷이 암컷보다 몸집이 크고 코가 길며 나이가 들수록 더욱 길어져 10cm 까지도 늘어진다. 전 세계에서 유일하게 보르네오섬에서만 서식한다. 록카위 야생공원에서 코주부 원숭이 가족을 만날 수 있다.

동남아시아에서 가장 높은 산
키나발루산

하늘을 향해 우뚝 솟은 산봉우리가 장엄한 기운을 뿜어내는 키나발루산은 칼데라를 품은 휴화산이다. 높이가 4,095m로 말레이시아에서 가장 높은 산이자 동남아시아에서 가장 높은 산으로 다양한 기후대가 존재한다. 서밋 트레일 코스를 따라 정상까지 등반하려면 최소 이틀이 필요하다. 키나발루 산 아래의 공원에는 개울과 산마루를 따라 숲을 거니는 8개의 트레일 코스가 있다. 원주민들은 이 산을 "아키 나발루Aki Nabalu"라고 부르는데, '죽은 자들을 위한 곳', 혹은 '영혼의 안식처'라는 뜻이다. 보르네오섬에 사는 원주민들에게 높고 변화무쌍한 이 산은 조상의 얼이 깃든 영산으로 여겨진다. 2000년에 유네스코 세계유산으로 지정되었다.

이슬람 기본 정보

세계 3대 종교 중 하나인 이슬람교

7세기 초 아라비아의 예언자 무함마드Mohamed가 완성시킨 종교다. 기독교, 불교와 함께 세계 3대 종교로 꼽힌다. 이슬람교를 믿는 남자를 무슬림Muslim, 여자를 무슬리마Muslimah라고 하고, 무함마드가 알라의 계시를 받아 집대성한 이슬람교의 경전을 코란Koran이라고 한다.

이슬람의 사원, 모스크Mosque

모스크는 아랍어로 마스지드masjid라고 하며 '이마를 땅에 대고 절하는 곳'이라는 의미. 기도하는 사람들은 메카의 방향을 가리키는 아치형 벽감인 미흐랍을 향해 서서 코란을 낭송하거나 절을 한다. 매주 금요일 정오에는 집단 예배를 드린다.

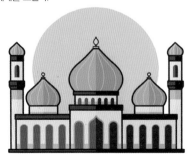

말레이시아 이슬람의 의상 예절

이슬람교에서는 남녀 모두 신체의 윤곽이 드러나게 몸에 붙는 옷을 입지 않는다. 여자들은 보통 긴 두건인 투동Tudung을 머리에 쓰고 바주 쿠룽Baju Kurung이라는 팔다리를 가리는 옷을 입어서 최대한 살과 머리카락을 가린다. 코타키나발루는 일 년 내내 더운 날씨이지만 반바지나 짧은 치마를 입은 현지인은 보기 드물다. 서말레이시아보다는 복장 규정에 관대하지만 혹여 비즈니스를 위해 방문하거나 관공서를 드나들 일이 있다면 긴팔 블라우스나 긴팔 셔츠, 긴 바지, 긴치마를 입는 편이 좋겠다.

대다수의 한국인에게 이슬람이라는 종교는 익숙하지 않다. 낯선 이슬람 국가로의 여행이 처음이라면
익숙하지 않은 문화적 차이 때문에 실수하지 않을까 긴장이 되기 마련.
하지만 '사람 사는 곳은 다 똑같다'는 말처럼 어떤 지역이든 상대의 문화를 존중하고
예의를 갖추려는 태도만 있으면 즐거운 경험과 뿌듯한 시간을 가지고 돌아올 수 있다.

코타키나발루의 민족과 종교

말레이시아에서는 70%에 가까운 말레이계가 이슬람교를 믿고, 25%의 중국계는 불교와 도교, 기독교 등을 믿고, 7%의 인도계는 대부분 힌두교를 믿는다. 하지만 이는 말레이시아 전체의 통계이기 때문에 보르네오섬의 종교 분포와는 다르다. 오래전부터 해외의 무역과 교류가 활발했던 보르네오섬은 말레이계의 비중이 서말레이시아보다 적고 중국계가 많이 살기 때문에 말레이계 무슬림이 약 40%, 기독교와 불교를 믿는 중국계가 약 30%, 두순족과 바자우족 같은 원주민들이 약 15% 정도로 추정된다. 코타키나발루의 이슬람 문화는 서말레이시아보다 좀 더 자유롭고 관대하다.

말레이시아 사람들은 모두 무슬림?

말레이시아의 국교는 이슬람교로 전체 인구의 약 64%가 이슬람교를 믿는다. 말레이시아 전체 인구 중 말레이계가 70%에 육박하는데, 말레이시아 헌법에 "모든 말레이인은 무슬림이다"라고 규정되어 있어서 이들은 태어날 때부터 무슬림으로 등록된다. 약 25%의 중국계 말레이시아인, 약 7%의 인도계 말레이시아인 등은 불교, 기독교, 힌두교 등 다양한 종교를 믿는다.

표지판에 쓰인 수라우 Surau가 뭐지?

말레이시아는 무슬림이 선호하는 여행지 1위로 꼽힐 만큼 무슬림 관광객을 위한 편의 시설이 잘 갖춰져 있다. 공항에서부터 해양공원의 섬 구석까지 수많은 건물과 관광지에서 수라우Surau라는 표지판을 볼 수 있는데, 하루에 다섯 번 예배를 드리는 무슬림을 위해 마련된 기도실이다.

무슬림의 기도, 살랏 Salat

무슬림은 하루에 다섯 번(해뜨기 전, 정오, 해지기 전, 해진 후, 자기 전) 몸을 깨끗이 하고 기도하는 종교적인 의무가 있는데 이를 살랏이라고 한다. 살랏은 일상에서 신을 만난다는 뜻에 따라 개인적인 장소에서 할 수도 있지만, 보통 금요일 정오에는 사원에 모여 다른 신도와 함께 기도한다.

알고 가면
더 맛있는
할랄 음식

무슬림은 아무 음식이나 먹지 않는다고?

아랍어로 할랄Halal은 '허용된 것'을 뜻한다. 이슬람의 율법상 무슬림들이 먹고
사용할 수 있도록 허용된 음식뿐만 아니라 의약품이나 화장품에도 붙이는 종교
적인 인증이다. 무슬림이 아니어도 할랄 음식을 먹을 수 있으므로 말레이시아의
맛있는 전통 음식들을 마음껏 즐겨보자.

무슬림이 먹는 음식, 할랄 음식

무슬림이 먹을 수 있는 과일, 채소, 곡물, 해산물처럼 이슬람 율법에서 허용하는
재료로 만들어야 할랄 음식이다. 육류 중에서는 소나 양, 닭, 염소 등 허용된 동
물을 이슬람 율법에 따라 도축한 것만을 할랄로 분류한다. 돼지고기와 술은 무
슬림에게 금기된다.

여행자도 음식을 가려야 하나요?

서말레이시아에는 무슬림이 아닌 사람과 식사를 같이 하지 않을 정도로 할랄을
깐깐하게 지키는 사람들이 종종 있지만, 여행자들이 많이 찾는 코타키나발루에
서는 메뉴의 선택이 자유롭다. 중국계 말레이시아인이 워낙 많이 살고 있어 소
고기와 닭고기는 물론이고 돼지고기를 파는 식당들이 많다. 다만 할랄 음식점이
아닌데도 술을 팔지 않는 식당이 많으니 식사에 반주를 곁들이고 싶다면 식당
선택을 잘해야 한다.

이슬람의 단식, 라마단 Ramadan

이슬람 달력으로 9월은 코란이 내려진 신성한 달이다. 가난한 이들의 굶주림을
체험하고 신에 대한 믿음을 시험하며 기도와 사랑을 나누기 위해 한 달 내내 해
가 떠 있는 시간에 음식과 물을 먹지 않는다. 보통 새벽부터 오후 7시까지 단식
을 하고, 저녁에는 풍성한 식사를 즐긴다. 라마단은 매년 약 11일씩 앞당겨진다.

라마단

하리 라야

2023년에는 3월 23일부터, 2024년에는 3월 12일부터, 2025년에는 3월 1일부터 30일 동안 라마단이 이어진다.

라마단 기간에 여행하면 뭘 먹지?

라마단 기간에는 레스토랑의 운영 시간이 달라지는 경우가 많다. 종일 굶은 사람들을 위해 레스토랑마다 저녁 뷔페를 선보이고, 인기 있는 식당 앞에는 긴 줄이 늘어선다. 공원과 시장에서 보통 오후 4시부터 8시까지 라마단 바자가 열린다. 여행자들에게는 저녁마다 말레이시아의 다양한 전통 음식을 저렴하게 맛볼 수 있는 행복한 기간이다. 다만 종교적 단식을 존중하는 의미에서, 한낮에 공공 장소나 길거리에서 음료나 음식을 먹는 일은 삼가는 편이 좋겠다.

이슬람의 대축제, 하리 라야 Hari Raya

한 달간의 라마단이 끝나는 날을 하리 라야Hari Raya 또는 하리 라야 푸아사Hari Raya Puasa라고 부른다. 크리스마스에 여기저기서 캐럴이 울려 퍼지듯 거리와 쇼핑몰에서 끊임없이 흘러나오는 하리 라야 송이 흥겨운 축제 분위기를 돋운다. 말레이시아의 공식 휴일은 이틀이지만 대부분의 사람들이 일주일 정도 휴가를 즐긴다.

하리 라야 기간에 여행한다면

가야 스트리트의 맛집들이 대부분 문을 닫고 휴가를 떠나기 때문에 여행자들에게는 아쉬운 기간이다. 이 기간에 여행한다면 레스토랑이나 숍을 방문하기 전에 미리 전화로 운영 시간을 물어보고 예약한 후에 방문하는 편이 좋겠다.

아름다운 모스크가 물 위에 둥실

코타키나발루 시티 모스크 P.084

뜨겁게 저무는 붉은 태양에 건배!

KK 워터프런트 P.082

코타키나발루
MUST SEE

코주부원숭이와 코뿔새를 만나자

록 카위 야생공원 P.090

현지인들의 손재주를 뽐내는 기념품이 가득

수공예품 시장 P.133

일요일마다 열리는 시장 구경
가야 선데이 마켓 P.132

에메랄드빛 바다로 떠나볼까?
제셀턴 포인트 P.094

코타키나발루를 여행한다면 이 8곳 정도는 기본.
시내가 그리 넓지 않아서 왕복 시간이 오래 걸리지
않으니 일정이 짧아도 충분히 둘러볼 수 있다.

예쁜 건물 앞에서 기념사진 찰칵
UMS 모스크 P.085

황홀한 노을을 오래도록 마주하자
탄중 아루 해변 P.083

① 아름다운 섬에서 보내는 근사한 시간
코타키나발루 섬 호핑 투어 P.158

② 보르네오섬 원주민들의 초대
마리마리 민속촌 투어 P.154

코타키나발루
MUST DO

⑤ 물살을 가르며 패들을 저어요!
키울루강 래프팅 투어 P.172

⑥ 남중국해의 투명한 바닷속으로 풍덩
만타나니섬 투어 P.164

매일 밤 반짝이는 환상 속으로
반딧불 투어 P.170

아찔한 캐노피 워크와 뜨끈한 온천까지
키나발루 국립공원 투어 P.166

코타키나발루는 힐링하기 좋은 휴양지이기도 하지만
신나는 액티비티를 체험할 수 있는
여러 가지 투어가 있는 곳이다.

KK의 매력이 가득 담긴 사진 포인트를 돌아보자
시티 투어와 코콜힐 선셋 투어 P.174

저렴한 가격으로 즐기는 호화로운 골프 코스
골프 투어 P.176

PART 2

테마로
만나는
코타키나발루

세계 3위 안에 손꼽히는 석양

선셋 포인트

시내에서 제일 가까운 선셋 포인트

KK 워터프런트 P.082

시내를 돌아다니가 문득 하늘을 올려다보았을 때
뭉게뭉게 피어난 구름의 가장자리가 분홍빛, 주홍빛으로 물들기
시작하면 환상적인 일몰을 기대하며 KK 워터프런트로 가보자.

탄중 아루 해변 P.083

시내에서 가장 가깝고도 유일한
천연 모래밭에서 맨발로
사부작사부작 걷는다. 해가 지기
시작하면 하늘에서 바다를
지나 발끝까지 붉게 물드는
석양빛을 오래도록 눈에 담는다.

반딧불을 만나는 바닷가

반딧불 투어 P.170

오후에 반딧불 투어를 떠나면 해가 지기를 기다리면서 강가에서
배를 타고 바다로 나간다. 호수처럼 잔잔한 바다 위로 붉은 해가 지면
젖은 모래밭에서 근사한 반영 사진을 남길 수 있다.

사방이 바다로 둘러싸인 무인도

만타나니섬 P.164

만타나니섬에서 하룻밤을 머문다면 선셋 크루즈를 타고
섬의 서쪽으로 돌아가 황홀한 선셋을 만나보자. 잔잔하게 밀려오는
파도 소리가 더해져 더욱 낭만적인 시간을 선사한다.

하늘과 바다를 내려다보는
루프톱 바

하루에 딱 한 번만 찾아오는 선셋 타이밍을 놓치면 아쉽다. 하루의 동선을 잘 그려보고 가고 싶었던 루프톱 바를
콕 집어 찾아가거나, 해가 질 무렵 머물고 있는 호텔의 꼭대기 층에 올라가 여유롭게 일몰을 감상해보자.

360도 전망이 가능한 루프톱 바
더 퍼시픽 수트라 12층의
**호라이즌 스카이 바 앤
시가 라운지** P.123

요트가 둥실 떠다니는 탄중 아루의 풍경
코타키나발루 메리어트 호텔 15층의
스틸로 루프톱 바 앤 테라스 P.124

캐주얼한 분위기에서 맛있는 칵테일 한 잔
르 메르디앙 코타키나발루 15층의
루프톱 P.125

푸르른 불빛과 붉은 해넘이의 조화
그랜디스 호텔 13층의
스카이 블루 바 P.126

누구나 만족하는 수영장과 풀바
머큐어 코타키나발루 시티 센터 25층의
컴퍼스 바 앤 레스토랑 P.126

거대한 통유리 너머로 붉게 물드는 하늘
하얏트 센트릭 코타키나발루 23층의
온23 스카이 바 P.125

자연과 함께하는 시원한 라운딩

골프

코타키나발루는 여행과 골프를 동시에 즐길 수 있어 골퍼들에게 인기 있다. 푸르게 펼쳐진
바다를 옆에 끼고 물새가 나는 풍경 속에서, 나무에서 내려온 원숭이와 함께 골프를 즐겨보자.

코타키나발루 골프장의 좋은 점 코타키나발루에는 골프장이 여럿 있지만 리조트와 연계된 골
프장에서는 투숙객 할인 요금으로 골프를 칠 수 있다. 그린피가 1인 10만 원 선으로 합리적이고
2인도 라운딩이 가능하며 평일에는 예약 상황에 따라 1인 라운딩도 가능하다. 카트는 페어웨이
안으로 진입이 가능하며 노캐디로 플레이할 수 있다.

코타키나발루 골프 여행의 준비물 골프 의류를 잘 챙기자. 면 반바지나 치마, 폴로 티셔츠는 가
능하지만 청바지나 라운드 티셔츠를 입으면 플레이가 불가능하다. 날이 무척 더우니 쿨토시, 얼
음주머니, 물병을 챙기고 모자, 손수건, 자외선 차단 패치도 넉넉하게 가져가자. 우기에는 골프 신
발이나 양말을 여분으로 더 넣는다. 프로 숍에서 파는 공이 비싼 편이니 한국에서 잘 챙겨 가자.

골프장 TOP 3

시내와 가깝고 풍경이 아름다운 골프장

수트라 하버 골프 앤 컨트리 클럽 Sutera Harbour Golf & Country Club

그레이엄 마쉬가 설계한 27홀의 챔피언쉽 골프 코스를 가진 수트라 하버 골프 앤 컨트리 클럽은 가든 코스, 헤리티지 코스, 레이크 코스로 구성되어 있어 매일 다른 코스와 뷰를 즐기며 플레이할 수 있다.

- **난이도** 전체적으로 평이한 수준으로 코스에 따라 초급자부터 프로 골퍼까지 즐길 수 있다. 가든 코스는 초보에게도 어렵지 않고 오션 뷰가 근사해 가장 인기 있는 코스다.

- **교통 & 숙박** 공항에서 차량으로 10분 거리, 시내에서도 차량으로 10분 거리로 접근성이 좋아 언제나 인기가 많다. 수트라 하버 리조트인 더 수트라 마젤란과 더 수트라 퍼시픽에서 골프장까지 셔틀버스를 운행한다.

- **라운딩** 바다가 내려다보이는 가든 코스의 24번 홀이 가장 아름답기로 유명하고, 시그니처 홀인 레이크 코스의 6번 홀이 가장 길고 까다롭다. 코타키나발루의 골프장 중 유일하게 야간 골프 라운딩이 가능하다. 야간 골프는 1팀당 4인 기준 5팀 이상이 모여야 이용할 수 있다.

- **요금** 투숙객과 워크인의 그린피 차이가 크지 않다. 투숙객의 그린피는 주중 9만 원, 주말 12만 원 정도이고, 워크인 게스트는 주중 12만 원, 주말 15만 원 선이다. 2인 1캐디 시 캐디 비용은 18홀에 3만 7000원 정도다.

🏠 suteraharbour.com/golf-sutera

골프장 예약은 필수!

시내와 가까워 골프 투어로 오는 사람뿐만 아니라 회원권을 가진 현지인들로 늘 예약이 가득찬다. 원하는 라운딩 날짜가 있다면 미리 예약하자. 수트라 하버 리조트에 머물면서 골드 카드를 이용하면 드라이빙 레인지 50볼이 무료다.

잘 관리된 그린, 새롭게 단장한 객실

카람부나이 리조트 골프 클럽
Karambunai Resort Golf Club

로널드 프림이 디자인했으며 넥서스 리조트 앤 스파 카람부나이에서 관리한다. 6km에 달하는 긴 해변과 청량한 바다, 열대우림이 어우러진 골프장은 그린 컨디션이 좋아 골프 투어를 오는 사람들이 자주 찾는다. 최근 넥서스 리조트의 객실이 리노베이션되면서 더욱 인기가 많아졌다.

- **난이도** 높낮이가 있는 페어웨이에 다양한 벙커와 호수를 끼고 있어 아기자기한 맛이 좋다. 살짝 난도가 있는 편이지만 아주 초보가 아니라면 충분히 즐길 만하다.
- **교통 & 숙박** 시내에서 50분 정도 떨어져 있어 시내 관광보다는 골프 투어에 진심인 사람들이 많이 찾는다. 최근 오션 윙을 깔끔하게 리노베이션해 명품 리조트의 저력을 보여준다.
- **라운딩** 12번 홀이 경치가 좋기로 유명한 시그니처 홀이며 13번 홀이 가장 어렵다. 그린 관리가 잘되어 퍼팅의 부담을 덜어준다는 평이 자자하다. 시내와 떨어져 있어 사람이 많지 않아 밀리지 않고 플레이를 즐길 수 있다.
- **요금** 리조트의 규모나 시설에 비해 숙박 요금이 10만 원대 초반으로 가성비가 무척 좋으며 투숙객 그린피가 7만 원 정도. 노캐디가 기본이며, 2인 1캐디 시 캐디 비용은 3만 5000원 정도.

🏠 nexusresort.com/kr/golf

골프 후에는 시원하게 마사지!
넥서스 리조트 앤 스파 카람부나이의 보르네오 스파 P.228는 마사지실만 40개를 갖추었을 정도로 시설이 좋다. 샤워실에 대형 자쿠지도 있으니 골프를 치고 나서 시원하게 마사지와 자쿠지를 즐겨보자.

충분한 골프와 충분한 휴양을 위해

달릿베이 골프 앤 컨트리 클럽 Dalit Bay Golf & Country Club

테드 파슬로가 디자인했다. 사바주 최대의 습지대 코스를 보유하고 있으며 강과 연못, 바다
가 어우러진 아름다운 골프장이다. 럭셔리 리조트에 머물며 한가로운 골프장에서 여유롭
게 골프를 치고 싶다면 숙박과 골프 패키지를 고려해보자.

- **난이도** 난도가 어느 정도 있는 편. 벙커가 많고 거리가 긴 홀들이 있어서 까다로울 수도 있지만 그만큼
  재미있게 칠 수 있다.
- **교통 & 숙박** 시내에서 1시간 정도 떨어져 있고 왕복 택시비가 5만 원 정도 들기 때문에 시내에서 오가는
  사람이 거의 없다. 리조트에서 머물며 골프를 치면 한가로운 골프장을 전세 낸 듯 즐길 수 있다.
- **라운딩** 시그니처 홀은 10번과 11번 홀이며, 바닷가를 끼고 흥미진진한 라운딩이 가능하다.
- **요금** 리조트의 숙박 요금이 1박에 20만 원대, 오션 윙 스위트는 30만 원대로 워낙 높긴 하지만 리조트
  숙박과 라운딩이 더해진 골프 패키지를 1박에 20만 원대로 선보이는 이벤트가 종종 있다. 자체 골프 투
  어가 궁금하다면 홈페이지를 참고하자. 투숙객에게는 그린피가 20% 할인되어 12만 원 정도.

🏠 dalitbaygolf.com.my

골프장의 원숭이를 주의하세요

나무에서 내려온 원숭이들이
음식을 노리고 가방을 뒤지거나
파우치를 들고 도망가기도 한
다. 핸드폰이나 여권을 가져가
면 큰일이니 카트에서 내릴 때
는 소지품을 주의하고 가방을
꼭 닫아두자.

맛에 대한 새로운 경험

코타키나발루 대표 음식

휴양지로 사랑받는 코타키나발루에서는 말레이시아 전통 음식뿐만 아니라
중국 음식, 인도 음식, 중국인과 말레이인의 혼혈인 페라나칸이 만드는 노냐 음식,
글로벌한 입맛에 맞춘 서양 음식 등 다채로운 음식을 맛볼 수 있다.

코코넛 밀크로 쪄낸 쌀밥과 반찬
나시 르막 Nasi Lemak

흰쌀밥을 중심으로 한 말레이시아의 전통 식사다. 나시Nasi는 밥, 르막Lemak은 기름을 뜻하며 요리 이름에 '르막'이 들어가면 코코넛 밀크를 이용한 요리를 말한다. 코코넛 밀크나 판단 잎을 넣고 밥을 지어 미미하지만 향긋한 냄새를 맡을 수 있다. 짭짤하고 고소한 멸치와 땅콩에 오이와 달걀, 매콤한 삼발Sambal 소스를 곁들인 일품요리는 한국인의 입맛에도 잘 맞는 편. 주로 아침 식사로 먹기 때문에 호텔 조식에 나시 르막을 위한 코너가 따로 있다.

카레를 곁들이거나 반찬을 곁들이거나
나시 칸다르 Nasi Kandar
나시 캄푸르 Nasi Campur

나시 칸다르는 쌀밥에 카레와 반찬을 곁들인 일품요리이고, 나시 캄푸르는 한 접시에 밥과 반찬을 담아내는 일품요리다. 나시 칸다르는 국물이 흥건한 카레 소스를 밥 한쪽에 담고 새우튀김이나 오징어튀김, 고기, 달걀, 채소 같은 다양한 음식을 곁들여 먹는다. 나시 캄푸르는 카레를 제외하고 이것저것 반찬을 올려 먹는 밥으로, 삼발 소스에 비벼 먹기도 한다. 가야 스트리트에서는 아침에 나시 르막이나 나시 캄푸르를 파는 집을 종종 볼 수 있다.

다양한 재료를 넣은 볶음국수
미 고렝 Mi Goreng

미Mi는 면을, 고렝Goreng은 볶음을 뜻한다. 닭고기와 함께 볶으면 미 고렝 아얌Ayam, 소고기와 볶으면 미 고렝 다깅Daging이라고 부른다. 주로 닭고기나 소고기, 양배추, 양파를 넣고 새우나 해산물을 넣기도 한다.

물 대신 차를 마셔요

현지인들은 식당에서 달달한 음료가 아닌 차를 마시는 경우가 많다. 우리나라처럼 물을 그냥 주지 않을뿐더러 코타키나발루에서는 생수의 품질이 기대보다 못한 경우가 많으니 이왕이면 한 번 끓여낸 차를 마시는 게 좋겠다. 뜨끈한 차로 마시거나 얼음컵에 시원하게 마실 수 있다. 차이니즈 티Chinese Tea를 달라고 주문하자.

말레이시아의 꼬치구이
사테이 Satay

닭고기나 소고기, 양고기, 염소 고기 등 여러 고기의 다양한 부위를 한입 크기로 잘라 꼬치에 꿰어 구워 먹는 요리다. 밑간한 고기를 숯불에 굽기 때문에 독특한 향신료의 향과 불 향이 살아있다. 고소한 땅콩 소스나 간장 소스를 곁들이면 누구나 호불호 없이 좋아하는 요리가 된다. 생선이나 오징어, 새우 같은 해산물 꼬치는 물론, 육고기 내장 꼬치까지 다양한 종류가 있다. 코타키나발루에서는 고급 레스토랑부터 노점상까지 어디서든 사테이 메뉴를 찾아볼 수 있다. 오이나 양파, 파인애플을 곁들여 먹기도 한다.

말레이시아와 인도네시아 음식이 같나요?

나시 르막, 미 고렝, 사테이 같은 음식의 이름은 말레이시아뿐만 아니라 근처의 인도네시아나 싱가포르 같은 동남아시아 국가에서도 똑같이 쓴다. 말레이시아나 인도네시아는 모두 말레이어를 사용하기 때문에 요리 이름은 같지만 말레이시아는 영국에게 영향을 받고 인도네시아는 네덜란드에 영향을 받아, 음식 문화와 맛이 조금씩 다르다.

속이 든든해지는 맛있는 닭 요리
하이난 치킨 라이스 Hainan Chicken Rice

하이난에서 건너온 달콤하고 짭조름한 중국식 닭고기 요리에 밥을 곁들였다. 코타키나발루 사람들은 나시 아얌Nasi Ayam이라고도 부른다. 중국계 말레이시아 사람들이 운영하는 중국 식당이나 쇼핑몰의 푸드 코트에서도 맛볼 수 있다. 마늘과 생강의 향이 잘 배어들도록 야들야들하게 삶은 닭고기에 달콤하고 짭조름한 간장 양념을 뿌려 먹는다. 생강과 마늘, 판단 잎을 넣고 닭육수로 쪄낸 밥은 색깔이 살짝 노랗고 고소하다.

뜨거운 물에 담긴 수저?

코타키나발루의 식당에서 음식을 주문하면 뜨거운 물통에 수저를 담아 내오는 경우가 종종 있다. 코로나19 이후 여러 식당에서 위생을 고려해 사용하기 시작한 방법이다. 컵이나 통에 수저를 넣고 끓인 물을 부어 내놓는다. 물이 꽤 뜨거우니 조심하자. 뜨거운 물만 주는 경우가 있는데, 이 물은 마시지 말고 수저를 담가두었다 사용하자.

한약 냄새가 은은하게 밴 돼지고기
바쿠테 Bak kut the

달콤한 간장 베이스의 국물에 졸여낸 돼지고기 요리다. 주로 돼지갈비로 요리하지만 삼겹살이나 곱창, 머릿고기 등 다양한 부위를 사용한다. 돼지고기를 졸일 때 여러 한약재를 넣어 끓이기 때문에 잡내가 나지 않고 은은한 한약재의 향이 난다. 국물이 없이 바짝 졸이면 드라이 바쿠테라고 부른다. 중국 푸젠성에서 동남아시아로 이주한 중국계 말레이시아인들이 주로 바쿠테 식당을 운영한다. 가야 스트리트에 바쿠테 가게가 여럿 있다.

칼칼하게 매운 말레이시아식 쌈장
삼발 Sambal

한국의 고추장과 비슷한 매운 소스다. 매운 고추에 마늘과 생강, 샬롯, 라임, 민트, 젓갈 등의 갖은 양념을 갈아 넣어 만든다. 보통 맨밥에 반찬을 곁들여 먹을 때 쌈장처럼 함께 낸다.

갖은 향신료가 어우러진 매콤한 국물 맛
락사 Laksa

락사는 생선이나 닭으로 국물을 내고 매콤하면서 새콤한 양념을 더한 쌀국수다. 말레이시아 북부에서는 새콤한 맛이 더욱 진한 아쌈 락사Assam Laksa를 주로 맛볼 수 있고, 코타키나발루가 위치한 보르네오섬에서는 코코넛 밀크를 넣어 부드럽고 고소한 국물 맛의 락사 르막Laksa Lemak을 더 많이 볼 수 있다. 가야 스트리트에서 다양한 종류의 락사를 맛볼 수 있다.

돼지고기 육수로 끓여낸 국수
샹눅미 & 꼰노미 生肉麵

한자로 생육면生肉麵이라고 쓰인 국숫집을 종종 볼 수 있는데, 중국 스타일의 돼지고기 국수를 판다. 국물은 구수한 돼지국밥의 맛인데 밥 대신 국수를 넣었다. 원하는 국수 스타일을 고르고, 볶음으로 먹을지 국물로 먹을지 선택하면 된다. 볶음을 선택하면 국물이 따로 나오고 면을 갈색 소스에 볶아 준다. 꼰노미라고 부르는 볶음면은 마치 짜장면처럼 보이지만 간장으로 살짝 간을 했을 뿐 단맛이 거의 나지 않으니 기대와 다른 맛이 난다고 놀라지 말자.

한국인 입맛에 잘 맞는 담백한 국수
판 미엔 Pan Mien, Pan Mee

넓은 면이라서 판면板面이다. 판판하고 넓적한 밀가루 반죽을 사용해 칼국수나 수제비를 먹는 느낌이 난다. 다진 마늘과 매운 고추를 취향대로 넣어 먹는다. 한국 사람들의 입맛에 딱 맞는다.

어떤 면을 고를까요?

국수를 좋아하는 사람이라면 면의 식감을 잘 따져 먹자. 코타키나발루에서는 스파게티랑 비슷한 두께의 옥수수면인 노란색 국수를 볶음 요리에 많이 쓰는데 이 면은 미(Mee 혹은 Mi)라고 부른다. 흰색을 띤 얇은 쌀국수는 보통 미훈Mee Hun이라고 하고, 칼국수 면처럼 넓적한 두께의 쌀국수는 꾸어이띠여우Koay Teow라고 부른다.

돼지고기와 술을 먹으려면?

말레이인들은 대부분 무슬림이기 때문에 이들이 운영하는 식당에서는 돼지고기와 술을 팔지 않고 닭고기나 양고기, 소고기를 요리한 할랄 푸드를 주로 판매한다. 다만, 코타키나발루에는 중국계, 인도계 말레이시아인들의 식당이 다양하게 자리 잡고 있어 돼지고기, 술 등 음식을 먹는 데 불편함이 없다.

레스토랑에서 술을 파나요?

KK 워터프런트나 리조트 내 식당, 서양 음식을 파는 식당에서는 대부분 술을 판매하지만 할랄 음식점에서는 술을 팔지 않을 뿐더러 반입도 금지한다. 할랄이 아닌 음식점 중에서도 술을 팔지 않는 식당이 있고, 식당마다 술의 반입에 대해서 천차만별의 기준을 적용한다. 대부분의 시푸드 음식점은 외부에서 반입하는 술을 허용하며, 가야 스트리트에서도 술 반입에 너그러운 식당이 있으니 반주를 꼭 곁들이고 싶다면 미리 문의하고 가자.

사바주를 대표하는 중국식 면 요리
투아란 미 Tuaran Mee

사바 사람들이 좋아하는 면 요리로 투아란 미를 빼놓을 수 없다. 코나키나발루 시내에서 북쪽에 자리한 투아란 지역에서 뽑아낸 생면을 볶아 만든 요리다. 달걀을 넣고 반죽해 노란색을 띠는 국수에 달걀과 채소, 육류, 해산물을 넣어 잘 볶아낸다. 쫀득한 식감의 국수가 맛볼수록 매력 있다.

튀긴 바나나는 더욱 달콤해
바나나튀김 Pisang Goreng

길거리에서 튀김처럼 생긴 간식을 팔고 있으면 대부분 바나나튀김이다. 바나나의 껍질을 벗기고 튀김옷을 묻혀 바삭하게 튀기면 겉은 바삭하고 속은 촉촉한 맛있는 간식이 된다. 그냥 먹어도 달콤한 바나나를 튀겨 더욱 달달하다.

코타키나발루 야시장의 명물
닭날개구이 Sayap Madu Pangang

시장이 열리면 어김없이 닭날개구이를 파는 천막이 선다. 소스를 발라 짭조름하고 달콤하게 구워낸 닭날개를 숯불에 구워내 불맛이 살아 있다. 은근히 살이 통통해 몇 개 안 먹어도 배부르다.

다양한 크기의 오징어 바비큐
오징어 꼬치 Sotong Satay

야시장에 가면 해산물을 구워서 파는 집이 즐비하다. 아기 손바닥만 한 오징어부터 어른 손바닥보다 더 큰 오징어까지 다양한 크기의 오징어를 꼬치에 꽂아 굽는다. 크기가 커질수록 가격이 더 나가지만 오징어가 클수록 더 맛있으니 되도록 큰 오징어를 고르도록 하자.

오독오독하고 신선한 해초
바다포도 Latok

미역 줄기에 작은 포도송이가 알알이 달린 듯한 신선한 바다포도를 시장에서 흔히 볼 수 있다. 바다의 짠맛을 품은 바다포도 알갱이가 오독오독 씹히는 식감이 재미있다. 해산물에 곁들이면 의외로 신선한 샐러드 역할을 한다.

신선한 재료와 다채로운 양념의 조화
해산물 요리

시푸드 레스토랑
주문 방법

① 해산물 고르기

랍스터나 게, 타이거 새우 같은 가격대가 높은 해산물은 수조 앞에서 직접 골라 무게를 재야 정확한 가격을 알 수 있다. 작은 새우, 조개류, 바다포도 같은 해산물은 메뉴판을 보고 주문하면 된다.

② 무게 정하기

수조에 표시된 금액은 1kg 단위이지만 500g, 400g 등 원하는 만큼 주문이 가능하다. 인원수에 따라, 먹고 싶은 메뉴에 따라 양을 가감한다.

③ 요리 방법 선택하기

해산물에 따라 원하는 조리법을 선택해보자. 한국 여행자들에게 인기 있는 요리 방법은 랍스터회, 칠리크랩, 칠리 가리비, 드라이 버터나 웻 버터 새우, 진저 구이덕이다. 만약 새우를 주문한다면 500g은 드라이 버터, 500g은 웻 버터, 500g은 회로 주문할 수 있다. 이외에도 스파이시 소스, 블랙 페퍼 소스, 프라이드 등 요리마다 다양한 조리법이 있다.

④ 사이드 디시 주문하기

보통 공심채나 사바 베지, 청경채 같은 채소를 곁들인다. 특별히 원하는 양념이 있다면 채소의 양념도 삼발 소스, 굴 소스, 갈릭 소스를 선택할 수 있다. 밥은 흰밥 외에 달걀볶음밥, 해산물볶음밥, 마늘과 달걀을 넣어 볶은 마늘 볶음밥 등이 있다.

코타키나발루에는 신선한 해산물을 맛볼 수 있는 시푸드 레스토랑이 여럿 있다.
한국보다 저렴한 가격으로 푸짐한 해산물을 맛보자.

코타키나발루 ————
대표 해산물 요리

꾸덕꾸덕한 랍스터 요리
웻 버터 랍스터
Wet Butter Lobster

큰 랍스터는 회로 먹어도 좋고, 웻 버터 소스로 먹어도 좋다. 회로 먹으면 머리를 따로 튀겨준다. 눅진하고 달콤하며 고소한 웻 버터 소스는 밥에 올려 비벼 먹기에도 좋다.

언제 먹어도 맛있는 매콤한 게 요리
칠리크랩 Chilly Crab

칠리소스와 토마토소스를 섞어 감칠맛이 조화로운 양념이 게살과 잘 어울린다. 게 껍데기가 꽤 딱딱하고 발라 먹을 수 있는 도구가 따로 없으니 이가 좋지 않은 사람은 주의하자.

버터 향 가득한 바삭한 새우
드라이 버터 프론
Dry Butter Prawn

허니 버터 과자를 맛보는 듯한 드라이 버터 양념을 처음 맛보면 눈이 번쩍 뜨인다. 바삭바삭하고 고소한 양념이 새우보다 맛있을 정도.

쫄깃하고 향긋한 코끼리조개
구이덕 위드 진저 앤 스프링 어니언
Geoduck with Ginger & Spring Onion

구이덕은 통통하고 쫄깃한 코끼리조개를 말한다. 대부분의 식당에서 생강과 파를 넣어 향긋하게 볶아낸 요리를 판매한다. 두툼한 조개의 씹는 맛을 즐기고 싶다면 주문해보자.

매콤하게 볶아낸 오징어
삼발 소통 Sambal Sotong

오징어는 주로 매콤한 삼발 양념에 볶아 먹거나 토마토소스에 양파를 넣고 볶아 먹는다. 언제 먹어도 고소하고 맛있는 오징어튀김이나 촉촉한 숙회인 오징어찜도 맛있다.

사바주의 특산 채소
사바 베지 Sabah Vegetable

한국인들은 주로 모닝글로리라고 부르는 공심채를 즐겨 먹지만, 이왕이면 사바 지역에서 생산되는 특산 나물인 사바 베지를 곁들여도 좋다. 아삭한 식감에 강한 향이 없어 한국인 입맛에 딱이다.

코타키나발루 대표 과일

향긋한 열대과일이 선사하는 즐거움

달콤함의 끝판왕
망고

현지에서 기른 망고도 팔지만 주로 필리핀에서 수입하는 애플망고, 킹망고 같은 달콤한 망고가 많다. 맛을 보고 망고를 고르면 껍질을 벗겨 포장해 준다.

🅡🅜 1kg 15~20링깃, 1팩 10링깃

시원하게 마시는 천연 이온 음료
코코넛

코코넛이나 판단 코코넛 모두 초록색으로 비슷해 보이지만 판단 코코넛은 판단의 향이 진하고 조금 더 달콤하다. 살짝 밍밍하지만 시원하게 마시면 건강한 이온 음료를 마시는 기분이다. 코코넛 주스를 다 마신 후 안쪽의 하얀 과육을 살살 긁어 먹는 재미가 있다.

🅡🅜 코코넛 1개 5링깃, 판단 코코넛 1개 8링깃

약간의 새콤함, 굉장한 달콤함
파인애플

보르네오섬에서는 파인애플이 많이 나서 합리적인 가격으로 매우 달콤한 파인애플을 맛볼 수 있다.

🅡🅜 1개 5링깃

빨간 껍질 속 하얗고 달콤한 과육
망고스틴

물기 많고 달콤한 하얀 과육의 망고스틴은 인기가 많은 과일이지만 계절을 많이 탄다. 코타키나발루에서는 11월쯤 되어야 가격이 내려간다. 그 외의 계절에는 가격이 무척 비싸다.

🅡🅜 1kg 8~60링깃

호텔 반입 금지 과일?

두리안은 냄새 때문에 대부분의 호텔에서 반입이 금지되어 있다. 망고스틴의 껍질에서 붉은 물이 이염되기 때문에 망고스틴을 금지하는 호텔도 있으니 과일을 살 때 체크하자.

색깔별로 골라먹는
수박

코타키나발루에서는 빨간 수박과 노란 수박을 모두 볼 수 있다. 둘 다 달콤한 맛과 가격이 그리 차이가 나지 않는다. 호텔 조식을 먹을 때 과일 코너에서 종종 만날 수 있다.

🅡🅜 1팩 2링깃, 반 통 7.5링깃

향긋한 과즙이 가득한 달콤한 열대과일을 맛보자. 코타키나발루에서 직접 생산하는
과일이 많지 않고 의외로 많은 과일을 수입하기 때문에 가격이 아주 저렴하지는 않지만,
한국에서 자주 맛보지 못하는 과일들을 신선하게 즐길 수 있다.
계절에 따라 시장에 나오는 과일의 종류가 달라지고, 수입 과일의 가격도 달라진다.

부드럽게 씹히는 은근한 단맛
용과

망고나 망고스틴처럼 달진 않지만
부드럽게 씹히는 과육에 은은한 단
맛이 배어 있다. 속이 빨간 용과가
조금 더 단맛을 낸다.

RM 1개 10~15링깃, 1kg 15링깃

아삭아삭하지만
그리 달지 않아요
워터 애플

작은 피망이나 파프리카처럼 생겼
지만 동남아시아에서는 로즈 애플,
자바 애플, 워터 애플이라는 다양한
이름으로 부른다. 사각사각하지만
단맛은 거의 느껴지지 않는다.

RM 1봉지 10~15링깃

쫄깃한 씹는 맛과 매력적인 단맛
잭프루트

살짝 꼬릿한 향을 감수한다면 쫄깃한
식감과 의외의 단맛을 선사하는 과일
이다. 크기가 어마어마한 잭프루트는
잘라서 팩으로 파는 경우가 많다. 과
즙이 거의 없어 집어먹기 좋다.

RM 1팩 5링깃

특유의 냄새가 있는 과일의 왕
두리안

바나나처럼 부드럽게 뭉개지는 식
감과 독특한 향을 가진 과일이다.
잘 익은 두리안의 훌륭한 단맛에
익숙해지면 왜 과일의 왕이라 부
르는지 이해가 간다.

RM 1통 85링깃, 1팩 15링깃

부드럽고 크리미한 과육
아보카도

고소한 속살이 부드럽게 입에서 녹는 아
보카도를 시장에서 자주 볼 수 있다. 잘라
먹기가 애매한 경우 아보카도를 즉석에
서 갈아주는 생과일주스를 추천한다.

RM 1kg 15~20링깃

입이 심심할 때 하나씩
롱안

얇은 껍질을 벗겨내면 리치처럼 하얗고
달콤한 과육이 나온다. 커다란 씨가 안
에 들어 있으니 씹을 때 주의하자. 시원
하게 먹으면 더 맛있다.

RM 1팩 5링깃

1일 5끼를 위한 간식 타임
음료와 디저트

카야잼과 버터가 듬뿍
카야 토스트 Kaya Toast

말레이시아의 국민 간식이자 여러 개 먹으면 든든한 한 끼가 되는 카야 토스트. 식빵을 굽고 도톰한 버터와 달콤한 카야잼을 발라 먹는다.

은근히 익숙한 다방 커피 맛
화이트 커피 White Coffee

진하게 우려낸 갈색 커피에 크림이나 우유를 섞어 화이트 커피라고 부른다. 우리나라에서 한참 믹스커피가 유행하던 시절, 커피숍에서 팔던 달달한 커피 맛과 비슷하다.

달콤하고 부드러운 국민 밀크티
테 타릭 Teh Tarik

양손에 스테인리스 용기를 쥐고 번갈아 높이 들었다 내리며 뜨거운 밀크티를 마치 저글링하듯이 부어 식힌다. 부드러운 거품이 보글보글 올라온 테 타릭은 따뜻하게 혹은 차게 마신다.

녹차로 만든 테 타릭
그린 밀크 테 타릭
Green Milk Teh Tarik

타릭Tarik은 잡아당긴다는 뜻인데, 양손을 번갈아 높이 치켜들고 음료를 따르면 아래쪽에서 음료를 잡아당기는 것처럼 보인다. 달콤한 녹차 라테도 테 타릭 스타일로 거품을 내 맛볼 수 있다.

아이들이 좋아하는 코코아
마일로 Milo

웬만한 식당은 달콤한 코코아 음료인 마일로를 정식 메뉴로 갖추고 있을 정도로 말레이시아 사람들이 너무나 사랑하는 음료다. 뜨겁거나 차게 먹는다.

소화가 잘되는 시원한 식혜
보리 식혜 Barley

음료 메뉴판에 'Barley'라고 쓰여 있으면 보리 식혜를 말한다. 한국인에게 익숙한 식혜를 쭈욱 들이켜다 보면 오독오독한 보리 알갱이가 씹는 맛을 더한다.

달달한 간식과 음료가 넘쳐나는 코타키나발루에서는 디저트를
고르는 시간이 더욱 즐겁다. 말레이시아 사람들의 국민 간식,
코타키나발루 사람들이 즐겨 먹는 음료를 맛보며 여행의 묘미를 느껴보자.

신맛과 단맛이 상큼한 주스
킷 차이 핑 Kit Chai Ping

킷 차이는 칼라만시를 말한다. 코타
키나발루에서 마시는 킷 차이 핑에는
새콤한 칼라만시즙을 짜 넣고, 설탕
이나 더욱 시큼한 말린 매실을 넣는
다. 강렬한 신맛에 정신이 번쩍 든다.

젤리 음료를 좋아한다면
칭카우 쑤쑤 Cincau Susu

검은색 젤리를 달콤한 코코넛 밀크
나 주스 위에 듬뿍 얹어주는 음료다.
칭카우라고 부르는 쫀쫀한 푸딩 질
감의 젤리는 잎 젤리Grass Jelly라고
해서 뒷맛이 살짝 쌉쌀한 허브 향이
난다.

시원하고 은은한 단맛
첸돌 Cendol

판단 잎을 넣어 만든 초록색 젤리가
탱글탱글하다. 코코넛 밀크를 넣어
얼린 얼음에 흑설탕을 뿌리고 판단
젤리를 얹은 뒤 팥이나 콩을 곁들여
빙수로 먹거나 얼음컵에 담아 음료
로 먹는다.

코코넛에 달콤함을 더한 디저트
코코넛 푸딩 Coconut Pudding
코코넛 셰이크 Coconut Shake

코코넛 주스는 약간 밍밍하지만 코
코넛 푸딩은 조금 더 시원하고 달콤
하다. 코코넛 밀크의 단맛을 좋아한
다면 코코넛 셰이크를 고르자. 더위
가 싹 사라질 정도로 차고 달콤하다.

열대과일을 그대로 갈아 먹어요
과일 스무디 Fruit Smoothy

카페나 레스토랑에서 다양한 열대
과일 스무디를 맛볼 수 있다. 아보카
도나 용과 스무디 같은 한국에서 맛
보기 어려운 생과일 스무디를 종류
별로 먹어보자.

생과일을 신선하게 먹어요
과일 주스 Fruit Juice

길거리에서 파는 과일 주스 중에는
과일 맛 가루를 얼음물에 타서 주는
경우가 종종 있다. 노점에서 파는 주
스를 사 먹을 땐 생과일을 갈아주는
지 확인하고 먹어야 후회가 없다.

여행의 더위를 식혀줄

편의점 음료수

다양한 과일의 맛과
합리적인 가격
**여스(Yeo's)
리치/사탕수수 주스**
🆁🅼 1.7링깃

말레이시아의 인삼 통캇 알리를 넣은 커피
알리 커피
🆁🅼 4.2링깃

말레이시아
사람들의 코코아 사랑
마일로
🆁🅼 3.9링깃

탄산이 살짝 들어가
짜릿한 이온 음료
100plus
🆁🅼 2.8링깃

푸딩 질감의 그래스 젤리 한가득
칠 그래스 젤리 드링크
🆁🅼 2.8링깃

유명한 올드타운
커피를 캔으로 득템
올드타운 화이트 커피
🆁🅼 4.2링깃

편의점과 마트에 들러 새로운 맛에 도전해보자. 말레이시아 사람들이 즐겨 마시는 음료,
한국에서도 볼 수 없었던 한국 소주 같은 독특한 아이템들이 시선을 끈다.

★ 가격은 현지에서 판매하는 대략적인 가격으로 표기했으며 판매처에 따라 달라질 수 있습니다.

우리 소주의 종류가 이렇게나 많다니!
좋은데이
🆁🅼 19.9링깃

테 타릭과
밀크티도 캔으로 마시자
테 타릭
🆁🅼 3.2링깃

바닐라 향 한 스푼 가미한 독특한 콜라
바닐라 콜라
🆁🅼 3.2링깃

가장 자주 볼 수 있는
태국 맥주
타이거 맥주
🆁🅼 6.7링깃

오렌지의 과육이
살아 있는 달콤한 주스
미닛메이드 오렌지
🆁🅼 2.5링깃

생강 향이 은은해
마시기 편한 소주
담소 소주
🆁🅼 15링깃

편리하게 뚜껑을 따서 마셔요
편의점 코코넛
🆁🅼 9.5링깃

행복한 여행을 오래 기억하도록

코타키나발루 기념품

화려한 색감이 선물용으로도 제격
바틱 책갈피
🅜 15링깃

여행 기념품으로 자석을 빼놓을 순 없지!
자석
🅜 1개 5링깃, 3개 12링깃

집에 가도 생각날 귀여운 원숭이
코주부원숭이 인형
🅜 35링깃

띵가띵가 소리 나는 민속 악기
전통 악기 장난감
🅜 18~25링깃

피나콜 문양이 그려진
구슬 목걸이
🅜 10링깃

눈 내리는 코타키나발루
스노볼
🅜 20링깃

오래도록 코타키나발루 여행을 추억할 수 있도록 아기자기한 기념품을 모두 골랐다.
다른 나라에선 찾기 힘든 개성 있는 쇼핑 리스트!

★ 정찰제가 아니기 때문에 표기된 상품 가격은 판매처마다 조금씩 다르다.

필기구를 꽂아두기 좋은
연필꽂이
🔴 20링깃

코타키나발루 다녀온 티 내기
피나콜 팔찌
🔴 6~15링깃

장바구니로도 제격! 가볍고 실용적
천 가방
🔴 15링깃

코타키나발루의 자연을 모두 담은
그림엽서
🔴 3링깃

여행 동안 시원하게
바틱 부채
🔴 4~6링깃

코타키나발루의 꿈을 꾸어요
드림캐처
🔴 15~28링깃

여름 내내 시원하고 에스닉하게
냉장고 바지
🔴 40링깃

의외로 바람이 잘 통해 시원한
니트 조끼
🔴 45링깃

뜨거운 햇살을 막아줄 챙 넓은
모자
🔴 10~15링깃

집에 돌아와 즐기는 코타키나발루의 맛

먹거리 쇼핑

가끔씩 달달한 커피가 생각날 때
올드타운 화이트 커피
🏧 23링깃

진하고 고소한
테 타릭을 집에서
테 타릭
🏧 25링깃

몸에 좋다는 통캇 알리가 들어간
통캇 알리 커피
🏧 25링깃

동남아시아 여행에서
망고는 기본이지!
말린 망고 큰 봉지
🏧 29.5링깃

매콤 짭조름해서 자꾸만 손이 가요
매운 멸치 과자
🏧 19링깃

한국에 돌아가면 다시 맛보고 싶어질 게 분명하다.
캐리어에 남는 공간이 있다면 맛있는 말레이시아의 간식과 음료들을 꼭 채워 돌아오자.

★ 구입 가격은 대략적으로 표기

그리울 때면 식빵에 발라 먹자
카야잼
🆁🅼 12링깃

초콜릿으로 먹으면 두리안도 맛있다!
두리안 초콜릿
🆁🅼 25링깃

달콤한 망고를
쫄깃하게 맛보자
망고 젤리
🆁🅼 작은 봉지 8링깃,
큰 봉지 15링깃

아침저녁 따끈하게 마시는 차
사바 티
🆁🅼 14.5링깃

매콤한 말레이시아의 고추장
삼발 소스
🆁🅼 9링깃

시설은 최고로, 가격은 부담없이
코타키나발루 리조트

코타키나발루에는 시내와 가까운 수트라 하버 리조트의 더 마젤란 수트라와 샹그릴라 탄중 아루
이렇게 2개의 리조트가 있고, 시내에서 북쪽으로 30km 이상 떨어진 곳에 넥서스 리조트 앤 스파 카람부나이와
샹그릴라 라사 리아가 있다. 리조트의 장단점을 잘 따져 여행의 만족도를 최고로 높여보자.

① 샹그릴라 라사 리아

③ 더 마젤란 수트라 리조트

④ 샹그릴라 탄중 아루

① 호캉스라면 리조트에서 힐링

시내에서 멀어 한번 체크인하면 다시 밖으로 나오기가 힘든 리조트지만 굳이 리조트 밖으로 나오지 않아도 SUP 요가, 수상 액티비티, 일출 투어 등 다양한 프로그램을 즐기며 알찬 시간을 보낼 수 있다. 전 객실이 스위트룸으로 구성된 오션 윙의 프라이빗 자쿠지에 몸을 담그고 발코니에서 바다를 바라보면 방에만 있어도 완벽한 힐링의 시간을 보낼 수 있다.

▶ 샹그릴라 라사 리아 P.202

② 저는 가성비도 중요해요

호텔이나 리조트는 가격이 높아지는 만큼 고급스러운 게 당연하지만, 고급스러움은 유지하면서 부담 없는 가격으로 리조트에 머물 수 있다면 얼마나 좋을까. 규모가 크고 시내와 가까워 관광이 편리한 더 마젤란 수트라 리조트와 아름다운 정원, 근사한 해변, 리노베이션한 객실이 깔끔한 넥서스 리조트는 가성비와 가심비를 모두 만족시킨다.

▶ 더 마젤란 수트라 리조트 P.208, 넥서스 리조트 앤 스파 카람부나이 P.204

③ 하루 종일 골프를 치고 싶다면

넥서스 리조트는 골프 투어 마니아들에게 유명하다. 골프 투어 패키지 상품이 다양하고 가성비가 좋은데다 페어웨이와 그린 관리를 잘해 하루에 27홀씩 플레이하는 사람들이 많다. 샹그릴라 라사 리아는 골프만 치기에는 아깝고, 다른 부대시설이 좋으니 숙박 기간을 넉넉하게 잡는 편이 좋다. 더 마젤란 수트라 리조트의 골프장은 시내와 가까워 회원들이 즐겨 찾기 때문에 일찍 예약하고 가능한 한 이른 시간에 라운딩해야 대기 시간을 줄일 수 있다.

▶ 넥서스 리조트 앤 스파 카람부나이 P.204, 샹그릴라 라사 리아 P.202, 더 마젤란 수트라 리조트 P.208

② 더 마젤란 수트라 리조트

④ 아이들과 어르신이 함께 간다면

더 마젤란 수트라에 머물면 각기 다른 매력을 가진 5개의 수영장과 파도가 살랑이는 해변을 즐길 수 있고, 샹그릴라 탄중 아루에 머물면 워터파크에 버금가는 수영장에서 아이들과 물놀이하기에 좋다. 두 리조트 모두 조식으로 한식 코너가 잘 마련되어 있고 공항과 시내가 가까워 관광하기 편리하니 아이와 함께, 부모님을 모시고, 여러 세대나 여러 가족이 함께 여행할 때 선택해보자.

▶ 더 마젤란 수트라 리조트 P.208, 샹그릴라 탄중 아루 P.206

⑤ 커플끼리 오붓하게 둘만의 시간

액티비티를 좋아하는 커플이라면 시내의 호텔이나 리조트에서 머물며 각종 투어를 섭렵하길 권한다. 오붓하고 조용하게 휴가를 보내고 싶은 커플이라면 시내에서 떨어진 샹그릴라 라사 리아나 넥서스 리조트에 머물자. 길게 펼쳐진 해변과 아기자기한 정원을 산책하고, 편안한 객실에서 조용한 휴식을 즐길 수 있다.

▶ 샹그릴라 라사 리아 P.202, 넥서스 리조트 앤 스파 카람부나이 P.204

⑤ 넥서스 리조트 앤 스파 카람부나이

시내 호텔

시간을 알차게 쓰고 싶은 여행자라면

아이들과 함께 물놀이

더 퍼시픽 수트라에는 풀 바를 갖춘 규모 있는 야외 수영장과 모래놀이가 가능한 해변이 있어 물놀이를 좋아하는 아이들과 여행한다면 최고의 선택이 되겠다. 르 메르디앙 코타키나발루 수영장은 다른 호텔의 수영장보다 넓은 편이고 차양을 둘러 그늘도 많아 한낮의 물놀이를 즐기기에 제격이다.

▸ **더 퍼시픽 수트라 호텔** P.210, **르 메르디앙 코타키나발루** P.219

더 퍼시픽 수트라 호텔

**오션 뷰 객실에서
느긋한 노을 감상**

코타키나발루 메리어트 호텔, 르 메르디앙 코타키나발루, 하얏트 리젠시 키나발루에서는 앞에 시야를 가리는 건물이 없이 탁 트인 바다가 보인다. 선셋을 보기 위해 굳이 밖을 돌아다니지 않아도 오션 뷰 룸을 예약하고 체크인할 때 고층으로 요청하면 저녁마다 탄성이 나오는 일몰을 방에서 편안히 볼 수 있다.

▸ **코타키나발루 메리어트 호텔** P.214, **르 메르디앙 코타키나발루** P.219, **하얏트 리젠시 키나발루** P.216

코타키나발루 메리어트 호텔

르 메르디앙 코타키나발루

코타키나발루 시내에는 밤 비행기를 타고 온 여행자가 하룻밤 머물 가성비 좋은 호텔,
오래 머물며 휴식할 수 있는 고급 호텔이 다양하게 흩어져 있다. 하루 종일 물놀이하기 좋은 호텔,
구석구석을 돌아다니며 탐방하기 좋은 호텔, 석양이 아름다운 호텔 중에서
나에게 딱 맞는 호텔을 골라 최고의 휴가를 만들어보자.

단정하고 감각적인 신상 호텔

포근한 딥그린으로 단장한 더 루마 호텔은 로비에 들어서면서부터 인스타그래머블한 포토 스폿으로 가득하다. 디자인 호텔을 표방하며 새롭게 오픈한 호텔인 만큼 눈 돌리는 곳마다 감각적이다. 하얏트 센트릭 코타키나발루는 코타키나발루의 숲과 자연을 내추럴한 인테리어로 표현한 신상 호텔이다. 두 새로운 호텔의 깔끔함과 단정함, 새 가구와 침구의 매력에 폭 빠져든다.

▶ **더 루마 호텔** P.221, **하얏트 센트릭 코타키나발루** P.218

더 루마 호텔

하얏트 센트릭 코타키나발루

하루가 행복해지는 맛있는 조식

아침 식사를 해보면 하얏트 리젠시 키나발루의 저력이 드러난다. 뷔페의 모든 요리가 다 맛있기는 쉽지 않은데 말레이시아 전통 요리부터 서양식, 중국식, 인도식 요리에 누들 코너와 에그스테이션까지 맛으로 승부한다. 베이커리야 말할 것도 없고, 김치가 놀랄 만큼 맛있다. 웨이크업 샷으로 시작해 요거트와 디저트로 마무리할 때까지 조식 시간이 행복하다.

▶ **하얏트 리젠시 키나발루** P.216, **하얏트 센트릭 코타키나발루** P.218

하얏트 리젠시 키나발루

풍경에 빠져드는
루프톱 바

360도로 사방을 둘러볼 수 있는 더 퍼시픽 수트라의 호라이즌 스카이 바에서는 골프장 뷰, 하버 뷰, 술룩섬까지 한눈에 보이는 오션 뷰를 만끽할 수 있다. 코타키나발루 메리어트 호텔과 르 메르디앙 코타키나발루의 루프톱 바에서는 탄중 아루 해변과 툰쿠 압둘 라만 해양공원을 한눈에 담을 수 있다.

▸ **더 퍼시픽 수트라 호텔** P.210, **코타키나발루 메리어트 호텔** P.214, **르 메르디앙 코타키나발루** P.219

르 메르디앙 코타키나발루

더 퍼시픽 수트라 호텔

코타키나발루 메리어트 호텔

바다가 내려다보이는
인피니티 풀

코타키나발루 메리어트 호텔의 수영장은 인피니티 풀의 정석을 보여준다. 바다를 향해 뻥 뚫린 수영장에서 황홀한 선셋을 만날수 있다. 하얏트 센트릭 코타키나발루의 더블 인피니티 풀은 한쪽은 바다로, 한쪽은 시그널힐로 향해 있다. 크기는 작지만 조명과 선베드가 잘 갖춰져 아침저녁으로 수영을 즐기기 좋다.

▸ **코타키나발루 메리어트 호텔** P.214, **하얏트 센트릭 코타키나발루** P.218

하얏트 센트릭 코타키나발루

코타키나발루 메리어트 호텔

도보 여행하기
딱 좋은 위치

하얏트 리젠시 키나발루는 바닷가 앞에 있어 전망도 좋고, 맛집이 즐비한 가야 스트리트와 가깝고, 환전소와 시장도 가까워 도보 여행하기에 최적의 위치다. 수리아 사바 쇼핑몰에 붙어 있는 그랜디스 호텔도 쇼핑몰, 환전소, 제셀턴 포인트와 가야 스트리트까지 걸어 다니기 편하다.

▶ **하얏트 리젠시 키나발루** P.216, **그랜디스 호텔** P.221

그랜디스 호텔

수리아 사바 쇼핑몰

하얏트 리젠시 키나발루

위치와 가성비
둘 다 잡았다

가야 스트리트에 자리한 호라이즌 호텔과 더 제셀턴 호텔은 위치도 좋고, 가성비도 좋다. 호라이즌 호텔은 깔끔하고 넓은 방과 화장실을 갖추었다. 시그널힐이 바라다보이는 힐 뷰 룸을 선택하면 가야 스트리트와 공원까지 한눈에 내려다본인다. 유서 깊은 더 제셀턴 호텔은 일부 룸을 부티크 룸으로 리노베이션해 작지만 모던하고 깨끗한 방에 머물 수 있다. 두 호텔 모두 가야 스트리트의 맛집들을 마치 호텔 레스토랑처럼 이용할 수 있고, 아피아피 나이트 푸드 마켓이나 가야 선데이 마켓을 즐기기에도 좋다.

▶ **호라이즌 호텔** P.222, **더 제셀턴 호텔** P.222

더 제셀턴 호텔

더 제셀턴 호텔 부티크 룸

호라이즌 호텔의 힐 뷰

PART 3

진짜
코타키나발루를
만나는 시간

코타키나발루 한눈에 보기

코타키나발루는 무성한 열대우림과 푸르른 남중국해를 선물처럼 끌어안은 도시다. 해양공원의 섬들을 유영하고, 이슬람과 사바 전통 문화를 체험하고, 다양한 말레이 음식을 맛보자. 현대적인 쇼핑몰부터 길거리 야시장까지 구경거리도 많다.

가야섬

사피섬

가장 오래된
코타키나발루의 관
제셀턴 포인트 P.

남중국해의 진주
툰쿠 압둘 라만 해양공원 P.096

코타키나발루 여행의 정수
가야 스트리트 & KK 워터프런트 P.080, 082

마누칸섬

인공 해변과 골프장을 갖춘 최고급 리조트
수트라 하버 리조트 P.208

마무틱섬

술록섬

해양공원을 마주한 아름다운 리조트
샹그릴라 탄중 아루 P.206

세계 3대 석양을 자랑하는 해변
탄중 아루 해변 P.083

✈ **코나키나발루 국제공항**

반딧불 투어

만타나니섬, 반딧불투어,
넥서스 리조트 앤 카람부나이,
샹그릴라 라사 리아 ↑

코타키나발루 행정, 문화의 중심지
사바 대학교, 세팡가르 P.088

키나발루산 국립공원 ↘

코타키나발루 전경이 한눈에
코콜힐 엘프 P.091

사바 원주민의 역사가 담긴
마리마리 민속촌 P.092

코타키나발루의 지도 보기

0 800m

N

코타키나발루
들어가기

코타키나발루 국제공항에서 시내 중심까지는 차량으로 15분 정도면 이동이 가능할 정도로 매우 가깝다. 여행자들은 주로 픽업 서비스나 그랩을 이용해 숙소로 이동한다.

코타키나발루로

- **한국에서 코타키나발루로** 인천국제공항에서 코타키나발루로 가는 직항편으로는 제주항공, 티웨이항공, 진에어 등이 있으며 대한항공은 진에어와 공동 운항한다. 대부분 오후 늦은 시간에 출발하고 밤늦게 도착한다.
- **말레이시아 다른 도시에서 코타키나발루로** 말레이시아 항공, 바틱 에어 말레이시아, 에어아시아 등 여러 항공사가 쿠알라룸푸르, 랑카위 등 말레이시아의 각 도시에서 코타키나발루로 손님을 실어 나른다. 코타키나발루 국제공항에서 시내 중심까지는 약 8km, 차량으로 15분 정도면 이동이 가능하다.

공항에서 시내로

① **호텔 픽업 서비스** 대부분의 호텔이 유료로 픽업 서비스를 제공한다. 1인당 요금인지, 캐리어 개수에 따른 요금 추가가 있는지 체크하자. 택시나 그랩보다 비싸지만 어린이나 노약자와 동행하는 경우 빠르고 안전하게 호텔까지 이동할 수 있다. 무료로 공항 픽업을 해주는 한인 게스트하우스도 있으니 예약할 때 픽업 가능 여부를 확인하자.

② **투어 픽업 서비스** 코타키나발루 국제공항에서 목적지까지 픽업 서비스를 제공하는 한인 업체나 투어 회사들이 많다. 공항에 도착하면 기사가 대기, 바로 탑승할 수 있어 편리하다. 호텔 픽업보다는 저렴하지만 보통 1인 기준으로 요금이 책정되니 전체 요금을 따져 이용하자.

③ **택시** 공항의 편의점 맞은편에 택시 티켓을 파는 부스가 있다. 거리에 따라, 4인승인지 6인승인지에 따라 25~60링깃으로 요금이 차등 부과된다. 공항에서 샹그릴라 탄중 아루나 가야 스트리트까지 30링깃 정도 나온다. KFC 앞의 택시 승강장으로 나가서 택시 기사에게 티켓을 보여주면 탑승이 가능하다. 티켓 부스의 운영 시간은 오전 8시부터 다음 날 오전 2시까지다.

④ **그랩** 공항에서 그랩이나 택시를 타는 곳은 승강장 5번이다. 도착 후 왼쪽 끝 KFC 옆쪽의 문을 이용해 청사 밖으로 나가 던킨 도너츠와 스타벅스를 지나면 승강장 5번 앞에서 그랩이나 택시들이 대기하고 있다. 차량 번호를 정확히 확인하고 타자. 요금은 시내 호텔까지 보통 8~10링깃 정도다.

코타키나발루
시내 이동

코타키나발루 시내는 그리 넓지 않아서 가까운 거리는 도보로, 조금 먼 거리는 주로 그랩을 이용한다. 투어를 예약하면 원하는 장소에서 타고 내릴 수 있다.

그랩 승용차

시내에서 목적지로

① **그랩** 👍 코타키나발루 시내에서는 그랩이 활성화돼 있다. 가까운 거리를 이동할 때도 잘 잡히는 편이다. 그랩 승용차의 기본요금은 5링깃부터이고, 시내에서 이동할 때는 10링깃 안팎의 요금이 나온다. 하지만 시내 외곽에서는 그랩이 잘 잡히지 않아 오래 기다리거나 요금이 확 올라가는 경우가 있다. 시내에서 샹그릴라 라사 리아까지 약 50링깃, 샹그릴라 라사 리아에서 시내까지는 약 70링깃.

② **택시** 코타키나발루의 택시 기본요금은 3km에 13.5링깃부터 시작하는데 보통 미터를 켜지 않고 금액을 부르거나, 흥정을 하는 경우가 많다. 택시보다는 그랩을 이용하는 편이 저렴하다. 최근 일반 택시들이 그랩 콜을 받기 시작하면서 그랩 앱으로 쉽게 택시를 잡을 수 있다.

③ **투어 프로그램** 시내나 시외의 관광지를 여러 군데 돌아다니고 싶다면 시티 투어 프로그램을 이용하는 것도 방법. 이동할 때마다 택시나 그랩을 부르지 않아도 되니 편리하다. 단독 투어나 조인 투어 모두 가능하니 원하는 여행지를 포함한 투어 프로그램을 찾아보자.

④ **호텔 차량** 호텔 컨시어지에서 원하는 여행지나 목적지를 말하면 호텔 차량이나 리무진, 택시를 배정해준다. 목적지와 거리, 왕복 여부를 체크해 예약해보자. 호텔 수준이 높을수록 수수료도 높아 비용이 올라가지만, 일행과 단독으로 호텔에서 출발해 호텔로 돌아오는 편안한 여행이 가능하다.

택시

투어 프로그램

코타키나발루
일일 여행 코스

COURSE 1
시티 투어로 알찬 하루

가야 선데이 마켓이 열리는 가야 스트리트에서
제셀턴 포인트, 코타키나발루 시티 모스크와
UMS 모스크, 코콜힐까지 한번에 둘러보고,
오스트레일리아 플레이스에서 근사한
저녁 시간을 보내고 나면 알찬 하루가 마무리된다.

💰 예상 경비

· **교통비** 그랩 20링깃
· **입장료** 인스타 핵심 코콜힐 투어 300링깃,
　제셀턴 포인트 투어 100링깃
· **식비** 올드타운 화이트 커피 12링깃, 아 옌 13링깃,
　비루 비루 카페 13링깃, 엘 센트로 68링깃

TOTAL 약 526링깃

코콜힐에서 그네 타기

○ 올드타운 화이트 커피에서 아침 식사

도보 1분

가야 선데이 마켓 어슬렁거리기 ○

도보 10분

○ 제셀턴 포인트에서
　투어 예약하기

도보 8분

수리아 사바 쇼핑몰
둘러보고 점심 ○

도보 10분

○ 호텔에서 시티 투어 픽업

투어 차량

비루 비루 카페에서 음료 한잔 ○

투어 차량

○ 코타키나발루 시티 모스크 돌아보기

투어 차량

사바주 구청사에서 사진 찍기 ○

투어 차량

○ UMS 모스크와 사바 대학교 시계탑
　구경하기

투어 차량

○ 엘 센트로에서 근사한 저녁 식사

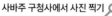

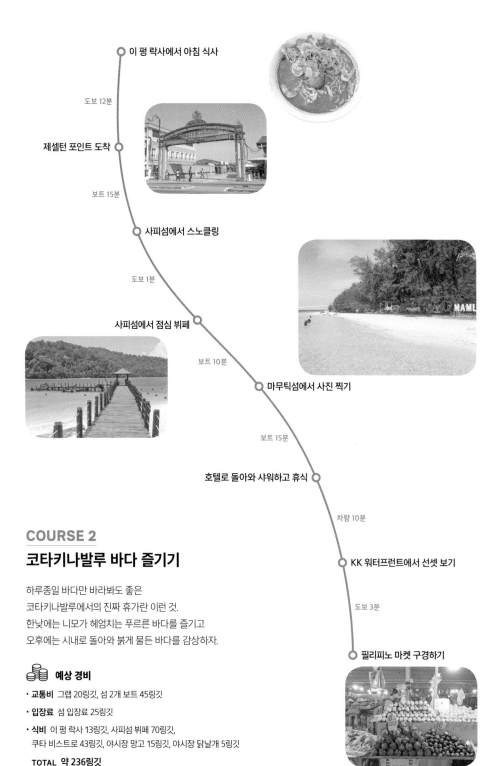

이 펑 락사에서 아침 식사

도보 12분

제셀턴 포인트 도착

보트 15분

사피섬에서 스노클링

도보 1분

사피섬에서 점심 뷔페

보트 10분

마무틱섬에서 사진 찍기

보트 15분

호텔로 돌아와 샤워하고 휴식

차량 10분

KK 워터프런트에서 선셋 보기

도보 3분

필리피노 마켓 구경하기

COURSE 2
코타키나발루 바다 즐기기

하루종일 바다만 바라봐도 좋은
코타키나발루에서의 진짜 휴가란 이런 것.
한낮에는 니모가 헤엄치는 푸르른 바다를 즐기고
오후에는 시내로 돌아와 붉게 물든 바다를 감상하자.

예상 경비
- **교통비** 그랩 20링깃, 섬 2개 보트 45링깃
- **입장료** 섬 입장료 25링깃
- **식비** 이 펑 락사 13링깃, 사피섬 뷔페 70링깃,
  쿠타 비스트로 43링깃, 야시장 망고 15링깃, 야시장 닭날개 5링깃
- **TOTAL 약 236링깃**

COURSE 3
말레이시아의 음식과 문화 탐험

코타키나발루의 아름다운 선셋과 칵테일,
카야 토스트, 시푸드 같은 맛있는 음식은 기본이요,
보르네오섬에 살던 원주민들의 전통을 음미하고
사바의 현대 미술을 감상하자.

💰 예상 경비
- **교통비** 그랩 30링깃, 마리마리 민속촌 투어 250링깃
- **입장료** 사바 아트 갤러리 15링깃
- **식비** 유잇 청 10링깃, 호라이즌 스카이 바 70링깃,
  쌍천 시푸드 100링깃

  TOTAL 약 475링깃

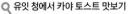 유잇 청에서 카야 토스트 맛보기

투어 차량

 마리마리 민속촌 방문

도보로 투어

마리마리 민속촌에서 점심 뷔페

차량 10분

 사바 아트 갤러리 거닐기

차량 10분

호라이즌 스카이 바에서 선셋 보기

차량 8분

쌍천 시푸드에서 해산물 먹기

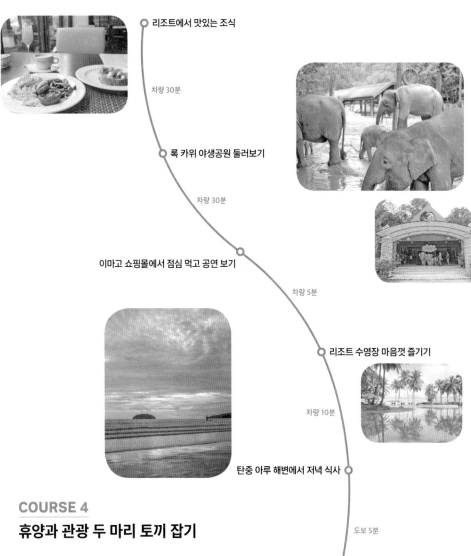

리조트에서 맛있는 조식

차량 30분

록 카위 야생공원 둘러보기

차량 30분

이마고 쇼핑몰에서 점심 먹고 공연 보기

차량 5분

리조트 수영장 마음껏 즐기기

차량 10분

탄중 아루 해변에서 저녁 식사

도보 5분

탄중 아루 비치 나이트 마켓 구경하기

COURSE 4
휴양과 관광 두 마리 토끼 잡기

보르네오섬에 사는 야생 동물들과 눈높이를 맞추고
이마고 쇼핑몰에서 공연 보고 점심 먹고 쇼핑하고
리조트에서 신나게 수영하고 놀다가
해변으로 달려가 선셋도 보고 야시장도 구경하자.

예상 경비
- **교통비** 록 카위 야생공원 왕복 차량 150링깃, 그랩 30링깃
- **입장료** 야생공원 20링깃
- **식비** 이마고 쇼핑몰 푸드 코트 13링깃,
  징 선셋 바 50링깃, 야시장에서 군것질 30링깃

TOTAL 약 293링깃

눈으로 기억하는 코타키나발루

명소
ATTRACTION

#가야스트리트 #KK워터프런트
#마리마리민속촌 #탄중아루해변 #록카위야생공원
#툰쿠압둘라만해양공원 #UMS모스크
#제셀턴포인트

코타키나발루는 에메랄드빛 바다를 보라색으로 물들이는 황홀한 일몰로 유명하다. 매일 저녁 그림처럼 펼쳐지는 석양뿐만 아니라 이국적이면서도 아름다운 모스크, 보르네오 원주민의 전통이 현대적으로 살아 숨쉬는 민속촌과 박물관, 탄성을 자아내는 해양공원의 섬들과 야생공원, 환상적인 모험이 가능한 키나발루산, 편안한 휴양을 가능케 하는 최고급 리조트와 호텔들이 코타키나발루만의 매력을 뿜어낸다.

코타키나발루
명소 지도

가야섬

사피섬

툰쿠 압둘 라만 해양공원

가야 스트리트

KK 워터프런트 ④

마누칸섬

마무틱섬

수트라 하버 리조트

사바 주립 모스크 ⑦

⑨ 사바 주립 박물관

술록섬

샹그릴라 탄중 아루

사바 아트 갤러리 ⑪

⑤ 탄중 아루 해변

코타키나발루 국제공항

코타키나발루의 지도 보기

▶ 코타키나발루 맛집 지도 P.100
▶ 코타키나발루 쇼핑 지도 P.130
▶ 코타키나발루 투어 지도 P.150
▶ 코타키나발루 숙소 지도 P.200

N

0   800m

⑭ 록 카위 야생공원

⑧ UMS 모스크

⑬ 사바 대학교 시계탑과 피나콜 계단

코콜힐 엘프 ⑮

사바 대학교

⑫ 툰 무스타파 타워(사바주 구청사)

⑥ 코타키나발루 시티 모스크

마리마리 민속촌 ⑯

가야 스트리트

제셀턴 포인트 ⑰

수리아 사바 쇼핑몰 ●

③ 시그널힐 전망대

사바 관광청 ⑩

위즈마 메르데카 ●

가야 스트리트 ①

② 오스트레일리아 플레이스

● KK플라자

0   40m

N

● 코타키나발루 중앙시장

100여 년 역사가 담긴
생기발랄한 거리 ······ ①
가야 스트리트
Gaya Street(Jalan Gaya)

가야 스트리트는 100여 년의 역사를 간직한 거리로 1950~1960년대에 지어진 주상 복합 건물이 늘어서 있다. 1층은 상점이나 음식점, 위층은 주거지로 이용하며 맛집을 찾아 나선 여행자와 현지인이 어우러지는 재미있는 골목이다. 주로 호라이즌 호텔 P.222 앞의 널찍한 공원에서 더 제셀턴 호텔 P.222을 지나 사바 관광청 P.086까지 이어지는 길을 일컫는다. 한낮이면 길 한복판에 커다란 나무가 그늘을 만들고, 이른 아침부터 저녁까지 식사하러 나오는 현지인들로 북적거린다. 이 펑 락사 P.102, 유잇 청 P.103, 신 키 바쿠테 P.104 등 유명한 현지 음식점이 늘어서 있어 가야 스트리트 근처의 호텔에 머물지 않더라도 여행 중에 한 번쯤 들르게 된다. 금요일과 토요일 저녁에는 온갖 먹거리를 파는 아피아피 나이트 푸드 마켓 P.135이 열리고, 일요일 낮에는 기념품은 물론이고 전통 의상, 열대 식물까지 없는 게 없는 가야 선데이 마켓 P.132이 열려 더욱 북적인다.

가야 선데이 마켓

🚶 호라이즌 호텔에서 동쪽으로 100m
도보 1분 📍 Jalan Gaya, Pusat Bandar
Kota Kinabalu, Kota Kinabalu

오스트레일리아 플레이스
Australia Place

가야 스트리트에서 큰길을 건너 한 블록 떨어진 곳에 오스트레일리아 플레이스라고 불리는 작은 거리가 있다. 1945년 제2차 세계대전 당시 야트막한 언덕인 시그널힐 아래쪽으로 호주 연합군의 캠프가 있었다고 해서 일대를 오스트레일리아 플레이스라고 부른다. 예전에는 이 거리에 인쇄소들이 자리해 독특한 분위기가 있었다는데, 지금은 그 명맥을 잇는 인쇄소는 몇 군데 남지 않았다. 대신 버거나 타코, 피자 등 서양식 메뉴를 갖춘 레스토랑이나 펍, 트렌디한 카페들이 늘어나 여행자들이 주로 찾는 거리로 변했다.

🏃 더 제셀턴 호텔에서 동쪽으로 200m 도보 3분
📍 Lorong De wan, Pusat Bandar Kota Kinabalu, Kota Kinabalu

시그널힐 전망대
Signal Hill Observatory Tower

한때는 도시를 바라보는 가장 높은 전망대였다. 오스트레일리아 플레이스에서 계단을 따라 언덕을 올라가면 한 쌍의 전망대 건물이 나란히 서 있다. 전에는 코타키나발루 시내 구석구석을 바라보고, 바다와 섬 사이로 떨어지는 석양을 감상하는 최고의 뷰포인트였지만 해변 쪽에 높은 건물들이 많이 들어서고, 루프톱 바가 여럿 생겨서 시그널힐의 전망이 예전만 못하다. 올라가는 계단과 전망대가 너무 낡아 위험하다는 이유로 현재는 진입을 금지하고 있다. 굳이 택시를 타고 방문하기엔 아쉬운 상태. 근처를 지나가다 들르게 된다면 바깥쪽 벤치에서 옛 모습을 떠올리며 아쉬움을 달래는 수밖에.

🏃 더 제셀턴 호텔에서 동쪽으로 1.4km 차량 4분 ⏰ 09:00~23:00
📍 78, Jalan Asrama, Signal hills, Kota Kinabalu

KK 워터프런트 KK Waterfront

KK 워터프런트는 이름처럼 손에 닿을 듯 바다 바로 앞에 자리한 거리를 말한다. 바다 위로 놓인 나무 덱이 해변을 따라 250m 정도 이어지고 덱 뒤로는 와인과 맥주를 파는 식당과 펍이 늘어섰다. 음식점의 안쪽 자리에 앉으면 에어컨 바람을 쐬며 시원하게 식사할 수 있고, 바다를 내려다보는 테이블에 앉으면 해가 질 때까지 조금 덥지만 근사한 노을을 즐길 수 있다. 남쪽으로는 오셔너스 워터프런트 몰과 이어지고, 북쪽으로는 필리피노 마켓의 과일 시장과 수공예품 시장이 이어진다. 바람 방향에 따라 다르긴 하지만 북쪽으로 수산 시장이 있어 비린내가 날 때도 있으니 낭만적인 시간을 원한다면 자리 잡을 때 고려하자. 일몰을 보고 싶다면 일몰 시간 조금 전에 도착하는 편이 좋다. 맑은 날의 일몰 시간에는 바닷가 쪽 테이블이 금방 동나기 때문. 일몰이 시작될 때까지 선글라스는 필수다.

🚶 KK 플라자에서 남쪽으로 650m 도보 8분, 와리산 스퀘어 맞은편
📍 KK Waterfront, Kota Kinabalu 🕐 16:00~03:00

KK 워터프런트 선셋 뷰포인트

식사하거나 음료를 마시지 않고도 KK 워터프런트의 해넘이를 즐기는 방법이 있다. KK 워터프런트 남쪽으로 이어지는 오셔너스 워터프런트 몰P.143 앞 광장에서 석양을 감상하고 사진을 찍으며 즐겨도 충분히 만족스럽다.

탄중 아루 해변

Tanjung Aru Beach

탄중 아루 해변은 코타키나발루에서 손꼽는 일몰 명소다. 코타키나발루 시내에서 서남쪽으로 차를 타고 20분 정도만 내려가면 금방 만날 수 있는 데다 해변의 길이가 2km 정도로 길고 해변의 폭도 넓어서 바다를 거니는 재미가 있다. 툰쿠 압둘 라만 해양공원 P.096만큼 물빛이 근사하지는 않아도 낮에 물놀이하거나 모래놀이하기에도 좋고, 저녁 늦게까지 스탠드업 패들보트를 타거나 파라세일을 즐기기도 좋다. 황홀한 노을을 만나려면 운이 조금 따라줘야겠지만 해가 진 후에도 모래밭에 앉아 오래도록 석양을 음미할 수 있어 더욱 기억에 남는 곳이다. 징 선셋 바에 앉아서 칵테일을 한잔 마시며 석양을 기다리는 시간도 좋고 일몰의 여운이 가시고 나면 해변 앞에 넓게 펼쳐진 탄중 아루 비치 나이트 마켓 P.136에서 출출한 배를 달래도 좋다.

🚶 KK 워터프런트에서 남서쪽으로 6km 차량 10분 📍 Tanjung Aru Beach, Kota Kinabalu
📞 +60168330678

푸른 물 위에 떠오른 블루 모스크 ⋯⋯ ⑥

코타키나발루 시티 모스크 Kota Kinabalu City Mosque

리카스 해변의 이름을 따서 리카스 모스크라고도 불리는 코타키나발루 시티 모
스크는 1997년에 지어진 사바주에서 가장 큰 이슬람 사원이다. 푸른 물 위에 비
친 흰색 건물 위로 커다란 파란색 돔이 얹혀 있는 모습 때문에 블루 모스크라고
도 부르고, 물 위에 둥실 떠 있는 듯한 모습 때문에 플로팅(Floating) 모스크라
고도 부른다. 모스크 내부를 구경하려면 건물 안팎에서 무슬림이 입는 적합한
복장을 갖추어야 하므로, 입구에서 의상을 대여해 갈아입는다. 건물 안으로 들
어갈 때는 신발을 벗어두는데, 도난을 방지하기 위해 외국인 신발을 두는 방이
따로 있다. 1만2000명이 한꺼번에 예배를 드릴 수 있는 거대한 기도실은 성별에
따라 공간이 분리돼 있다. 조용한 기도실에는 간절히 기도하는 사람들의 몸짓으
로 경건함이 감돈다. 블루 모스크가 물 위에 떠 있는 듯한 반영 사진을 찍고 싶
다면 아침 일찍 방문하는 편이 좋고, 블루 모스크를 배경으로 인물 사진을 남기고
싶다면 오후에 방문하거나 시티 투어 P.174로 방문하는 편이 좋다.

🚶 가야 스트리트에서 북쪽으로 5km 차량
13분 📍 Jalan Pasir, Jalan Teluk Likas,
Kampung Likas, Kota Kinabalu
🕐 08:00~12:00, 14:00~15:30,
16:00~17:30(금 휴무) 💰 사원 내
입장료 5링깃, 의상 대여비 10링깃
📞 +6088205418

⑦

오래된 역사를 자랑하는 근사한 사원 ⑦

사바 주립 모스크 Sabah State Mosque

1977년에 지어져 코타키나발루에서 가장 오랜 역사를 자랑하는 이슬람 사원이다. 벌집을 연상시키는 육각형 무늬의 커다란 황금빛 돔 주위로 16개의 기둥이 떠받친 작은 황금색 돔이 건물을 에워쌌다. 한번에 5000명이 모여 예배를 드리는 기도실의 창틀도 황금빛 육각형 모양으로 만들어져 빛이 쏟아지는 모습이 무척이나 근사하다. 하지만 무슬림이 아니면 내부에 입장할 수 없으므로 사원의 홈페이지에서 예배를 진행하는 모습을 살펴보며 아쉬움을 달래보자.

🚶 가야 스트리트에서 남쪽으로 4km 차량 8분 📍 Jln Tunku Abdul Rahman, Kota Kinabalu 🕐 04:00~23:00 💰 무료 📞 +6088243337 📘 pengurusanmns

은은한 분홍빛이 아름다운 핑크 모스크 ⑧

UMS 모스크 Universiti Malaysia Sabah Mosque

연분홍색 외관 덕분에 핑크 모스크라고 알려진 이슬람 사원이다. 사바 대학교(UMS, 사바 주립대) 안에 자리해 조용하게 둘러볼 수 있다. 건물의 앞쪽도 근사하지만 뒤쪽으로 초록 정원이 넓게 펼쳐져 있으니 건물을 한 바퀴 돌아보는 편이 좋다. 흰색 창문 아래 분홍빛 벽을 배경으로 한 SNS의 인생샷 명소에서는 관광객이 차례로 사진을 찍는다. 내부에 들어갈 때는 의상을 대여해 입어야 한다. 시티 투어 또는 시 외곽 투어로 방문하거나 코타키나발루 시티 모스크와 함께 둘러보는 것을 추천한다.

🚶 가야 스트리트에서 북쪽으로 11km 차량 20분 📍 Jalan UMS, Kota Kinabalu 🕐 24시간 💰 대학교 입장료 10링깃, 핑크 모스크 내부 입장료 5링깃 📞 +6088320000

사바 지역의 역사와 문화를 한눈에 ⋯⋯ ⑨

사바 주립 박물관 Sabah Museum

사바 주립 박물관은 1층부터 4층까지 이루어진 실내 전시실과 과학 교육 센터 건물, 거대한 면적에 늘어선 실외 전시물로 구성돼 있다. 말레이시아에서 가장 큰 브라이드고래 뼈와 사바 지역에 살고 있는 다양한 민족의 복식들, 사바의 고대 문명을 보여주는 도자기와 장식품뿐만 아니라 자연사 박물관처럼 사바 지역의 각종 동식물 표본을 보며 사바의 문화와 자연을 이해할 수 있다. 전시실 건물 밖으로 나가 흔들다리를 건너면 실물 크기로 재현해둔 사바의 전통 가옥과 정원 부지가 넓게 펼쳐진다.

🚶 가야 스트리트에서 남쪽으로 3km 차량 5분 📍 Jalan Muzium, Kota Kinabalu 🕐 09:00~17:00 🎫 외국인 입장료 15링깃 📞 +6088225033 🏠 museum.sabah.gov.my

코타키나발루와
사바 여행을 계획할 땐 ⋯⋯ ⑩

사바 관광청 Saba Tourism

가야 스트리트의 끄트머리에 빨간색 하트 조형물을 앞에 둔 흰색 사바 관광청 건물이 있다. 1916년에 인쇄소 건물로 지어졌다가 재무부, 법무장관실 등 다양한 용도로 쓰였다. 제2차 세계대전 중 연합군의 폭격에도 살아남아 문화유산으로 지정되었다. 실내로 들어서면 코타키나발루를 비롯한 쿠닷, 산다칸, 셈포르나 지역의 여행 정보와 키나발루 국립공원의 트레킹 안내서를 무료로 받아볼 수 있다. 원하는 투어의 정보나 지역 정보도 바로 안내해준다.

🚶 가야 스트리트에서 북쪽으로 5km 차량 13분 📍 51, Jalan Gaya, Pusat Bandar Kota Kinabalu, Kota Kinabalu 🕐 월~금 08:00~17:00, 토·일 09:00~16:00 🎫 무료 📞 +6088212121 🏠 sabahtourism.com

사바 아트 갤러리 Sabah Art Gallery

2013년에 개관한 사바 아트 갤러리는 규모가 크진 않지만 사바인들의 예술 감각을 엿볼 수 있는 모던한 갤러리다. 현재까지 1500점의 예술품을 영구 컬렉션으로 소장하고 있으며, 2층부터 4층까지 전시실을 거닐며 관람이 가능하다. 말레이시아의 예술계를 이끌 신인 예술가들의 작품과 기성 예술가들의 작품을 고루 전시한다. 싱그러운 자연이 느껴지는 화사한 색채의 작품들, 역사적인 순간에 대해 상상력을 발휘하는 그림들, 피나콜 패턴으로 사바의 문화적 감수성을 담아낸 조형물들이 미술관에 젊은 숨결을 불어넣는다.

🚶 가야 스트리트에서 남쪽으로 5km 차량 9분
📍 14, Jalan Shantung, Kota Kinabalu 🕐 09:00~16:00
(월 휴관) 🆁🅼 7~12세 외국인 10링깃, 13세 이상 외국인 15링깃
📞 +6088268748 🏠 sabahartgallery.com

툰 무스타파 타워(사바주 구청사) Tun Mustapha Tower(Sabah Foundation Building)

내부에 360도 전망대가 있는 122m 높이의 30층 건물로 1977년 완공되었을 당시에는 로켓 같기도, 총알 같기도 한 미래지향적인 디자인으로 코타키나발루의 랜드마크 역할을 톡톡히 했다. 가운데에 하나의 기둥 구조를 두고 우산살을 펼치듯 각 층을 뻗어나가는 건축 공법으로 지어졌으나 현재는 지반이 무너져 건물이 약간 기울어진 상태다. 1층 외에는 출입이 금지되지만 건물 앞에서 재미있는 사진을 찍는 여행자들을 위한 포토존이 마련돼 있다.

🚶 가야 스트리트에서 7.5km 차량 15분, 블루 모스크에서 3.4km 차량 6분
📍 Menara Tun Mustapha, Kota Kinabalu
🕐 08:00~17:00(토·일 휴무) 💰 무료
📞 +6088326300

사바 대학교 시계탑과 피나콜 계단 UMS Clock Tower & Pinakol Stairs

피나콜 패턴은 사바 룽구스(Rungus)족의 전통 의상이나 구슬 공예에서 흔히 볼 수 있는 원색적인 문양이다. 사바 대학교의 시계탑 앞으로 야자수가 늘어진 길을 지나면 알록달록하게 색칠된 계단이 나온다. 코타키나발루의 전통적인 피나콜 무늬와 색감을 담은 계단 앞은 매력적인 인생샷을 남길 수 있는 스폿이라 사바 대학교 학생, 여행자, 현지인 가릴 것 없이 많은 사람들이 찾아와 사진을 찍는다.

🚶 가야 스트리트에서 북쪽으로 10km 차량 10분, 핑크 모스크에서 1km 차량 3분
📍 Jalan UMS, Kota Kinabalu
🕐 08:30~16:30 💰 대학교 입장료
어른 10링깃 📞 +6088320000
🏠 ums.edu.my/v5

사바 주립 대학교

사바 대학교는 세팡가르베이를 따라 자리한 말레이시아의 아홉 번째 공립 대학교다. 흔히 UMS 또는 사바 주립대라 부른다. 사바 대학교를 방문할 때 핑크 모스크와 시계탑, 피나콜 계단을 한번에 둘러보자. 걸어 다니기는 힘드니 투어 프로그램으로 방문하기를 추천한다.

놓치지 않고 찰칵!
사진 포인트 콕 집어주기

코타키나발루 시내에는 여행자들의 발걸음을 멈추게 하는 예쁜 동상들이 곳곳에 세워져 있다. 작고 소박한 조형물이라
일부러 찾아갈 필요는 없지만 앞을 지나다가 놓치지 않도록 동상과 위치를 소개한다. 만나면 반갑게 사진을 남겨보자.

수리아 사바 쇼핑몰 앞의 인기 스폿
LOVE

수리아 사바 쇼핑몰 길 건너편의
날아다니는 고래들

가야 스트리트 앞 공원에 세워진
♥KK

하얏트 리젠시 키나발루 앞의
청새치

사바 관광청 건물 앞에 세워진
KOTA KINABALU SABAH

청새치 동상을 지나 KK 워터프런트 가는 길에
I♥KK

보르네오섬의 야생 동식물을 만나요 ……⑭

록 카위 야생공원 Lok Kawi Wildlife Park

록 카위 야생공원에는 한국의 동물원에서 종종 만나는 코끼리나 오랑우탄, 사슴과 호랑이 외에도 보르네오섬에서 서식하는 독특한 야생 동물이 산다. 긴 코를 실룩이는 사랑스러운 코주부원숭이 가족들이 먹이를 먹는 장면이나 사바주에 서식하는 화려한 큰코뿔새가 날아다니는 풍경, 윤기 있는 검은색 털을 자랑하는 베어캣이 늘어지게 낮잠 자는 모습을 볼 수 있다. 전체 부지가 그리 넓지 않아 동물원을 한 바퀴 둘러보는 데 한두 시간이면 충분하다. 사육사와 함께 먹이를 주는 체험이 오전, 오후로 나뉘어 코뿔새나 베어캣, 호랑이, 오랑우탄이 밥 먹는 모습을 가까이에서 볼 수 있다. 동물과 함께하기 체험이 하루 2회 진행되는데 사육사와 함께 동물을 관찰하고 만져볼 수 있으며, 앵무새에게 직접 먹이도 줄 수 있으니 놓치지 말자.

왕복 차량을 예약하자!

야생공원을 둘러보고 돌아올 때는 시내와 멀기 때문에 그랩을 잡기 쉽지 않다. 출발할 때 그랩 기사에게 왕복으로 요청하는 편이 좋다. 혹은 머무는 호텔에서 야생공원 왕복 차량을 예약하면 원하는 시간에 편하게 오갈 수 있다.

🚶 가야 스트리트에서 남쪽으로 20km 차량 25분 📍 WDT No.63, Jalan Penampang, Penampang 🕐 티켓 판매 시간 09:30~13:00, 14:00~16:00, 입장 시간 09:30~13:00, 동물 체험 시간 11:15, 15:15 🎟 18세~ 외국인 20링깃, 3~17세 외국인 10링깃 📞 +6088765793 🏠 sabah.attractionsinmalaysia.com/Attraction.php

코콜힐 엘프 Kokol Hill Elf

코콜힐은 코타키나발루 시내가 한눈에 들어오고 수평선 너머로 붉게 물드는 석양이 한눈에 바라보이는 일몰 명소다. 최근 코콜힐 정상까지 올라가는 구불구불한 길가에 크고 작은 카페가 여럿 생겼다. 그중에서도 스냅 사진 찍기를 좋아하는 여행자들이 많이 모여드는 곳이 코콜힐 엘프다. 언덕 위에서 바다로 떨어지는 붉은 노을을 배경으로 다양한 조형물과 사진을 찍을 수 있어 인기다. 둥지처럼 만들어진 엘프의 집이나 나무 위에 매달린 새장 속에 들어가 노을을 배경으로 사진을 찍고, 빨갛게 지는 해를 즈려밟고 그네를 타고 날아오르는 인생샷을 남겨도 좋겠다. 사진 찍기를 즐기는 여행자들은 예쁜 색깔의 드레스나 커플룩을 맞춰 입고 이곳에 방문한다. 워낙 지대가 높아 저녁이 되면 날씨가 급격하게 변하곤 하니 갑자기 흐려지거나 비가 오기 전에 부지런히 사진을 찍어보자.

🏃 가야 스트리트에서 북동쪽으로 20km 차량 35분(투어 프로그램 추천)
📍 Kokol Hill Elf, Kota Kinabalu ⏰ 10:00~19:00
🅡🅜 외국인 입장료100링깃 📞 +60168313220 👍 KOKOLELF

투어를 이용하자!

개인적으로 움직이고 싶다면 직접 택시나 그랩을 왕복으로 대절한 후 입장료를 내고 들어가는 방법도 있다. 하지만 투어 프로그램 P.174을 신청하면 조금 더 합리적인 가격으로 편하게 다녀올 수 있다. 다른 관광지를 묶어 다녀올 수도 있고, 가이드가 사진을 찍어주기도 하니 시간과 비용을 고려해 선택해보자.

마리마리 민속촌 Mari Mari Cultural Village

코타키나발루에서 시장 구경을 나가면 흔히 들을 수 있는 '마리마리'라는 말은 '오세요, 오세요'라는 뜻이다. 마리마리 민속촌은 사바 지역에 거주하는 5개 부족의 전통 가옥과 생활상을 그대로 재현해두었다. 민속촌에 상주하는 가이드를 따라 열대우림 속 흔들다리를 건너면 사바 지역에 거주하는 부족별 전통 가옥을 둘러보며 다양한 체험을 할 수 있다. 사바에서 가장 큰 부족인 두순족의 집에서는 쌀로 만든 술을 맛보고, 룽구스 부족의 집에서는 대나무와 코코넛을 비벼 불을 붙이는 신기한 경험을 해본다. 항아리를 이용해 장례를 치르는 룬다예 부족이 나무껍질을 벗겨 옷과 각종 도구를 만드는 모습도 보고, 상업에 능했던 바자우족이 대접하는 코코넛 튀김을 맛보며 화려한 집에서 기념사진도 찍는다. 무서운 족장의 허락을 받아야만 입장할 수 있는 무룻족의 집에서는 다 같이 신나는 민속놀이를 경험할 수 있다. 5개 부족의 집을 둘러보고 나면 공연장에서 한바탕 흥겨운 춤 공연이 펼쳐진다. 공연 전에 무룻족의 독침을 체험하고, 헤나를 그리는 흥미로운 시간이 마련돼 있다. 오전에 방문하면 뷔페식 점심을, 오후에 방문하면 하이티를 제공한다.

🚶 가야 스트리트에서 동쪽으로 17km 차량 35분(투어 프로그램 **P.154** 추천) 📍 Jalan Kionsom, Inanam, Kota Kinabalu 🕐 10:00~17:00, 입장 시간 1일 2회 10:00, 14:00 💵 성인 100링깃, 어린이 90링깃 📞 +60138814921 🏠 marimariculturalvillage.my

코타키나발루의
대표 선착장 ⑰

제셀턴 포인트
Jesselton Point

코타키나발루와 주변 섬들을 연결하는 페리 터미널이다. 19세기 말레이시아를 식민지로 삼으려던 영국군이 당시 북보르네오의 거점 도시인 코타키나발루를 '제셀턴'이라고 불렀는데, 도시 이름이 코타키나발루로 바뀐 뒤에도 선착장의 이름은 여전히 제셀턴으로 남아 있다. 툰쿠 압둘 라만 해양공원의 섬 투어를 가는 현지인이나 여행자들이 표를 사기 위해 들락거리는 선착장은 아침저녁으로 늘 북적인다. 제셀턴 포인트의 입구에서 오른쪽 건물로 들어서면 표를 파는 부스가 1번부터 11번까지 늘어서 있다. 배표만 파는 것이 아니라 다양한 해양 액티비티나 점심 뷔페도 예약받아 부스별로 호객과 흥정이 활발하고 떠들썩하다.

🚶 수리아 사바 쇼핑몰에서 북쪽으로 400m 도보 5분 또는 차량 1분
📍 Jesselton Point Ferry Terminal, Jln Haji Saman, Kota Kinabalu
🕐 06:30~24:00 💲 섬 1곳 방문 시 12세~ 35링깃, 3~11세 30링깃,
섬 2곳 방문 시 12세~ 45링깃, 3~11세 40링깃, 섬 3곳 방문 시 12세~ 55링깃,
3~11세 50링깃, 파라세일 1인 106링깃, 바나나보트 55링깃, 점심 뷔페 70링깃
📞 +6088231081 🏠 jesseltonpoint.com.my

제셀턴 포인트, 해양공원 Q&A

Q 자유 여행자들이 표를 살 때 주의할 점은?

A 구명조끼가 포함되는지, 스노클링 장비가 포함되는지, 장비를 선착장에서 빌려주는지 섬에서 빌려주는지, 점심은 포함인지 등을 잘 따져보자. 보통 사피섬의 점심 뷔페에 들르기 때문에 사피섬에 갈 계획이 없다면 방문할 섬에서 점심 식사를 사 먹을 수 있는지, 점심 도시락을 사 가지고 가야 하는지 알아보고 취향에 맞게 선택하면 된다.

Q 가격 흥정은 얼마만큼?

A 부스에서 정식으로 제안하는 가격은 대부분 비슷하지만 액티비티를 여럿 선택한다든가, 인원이 여럿일 경우 저렴하게 흥정할 수 있다. 흥정에 자신이 없고 바가지를 쓰고 싶지 않다면, 방문하고 싶은 섬을 미리 결정하고 인터넷에서 흥정 후기를 찾아본 후 대략적인 가격을 알고 가는 편이 좋다.

Q 제셀턴 포인트에서 반딧불 투어를 예약한다고?

A 반딧불 투어를 함께하면 더 저렴하게 해주겠다며 호객하는 경우도 있다. 하지만 이곳에서 예약하는 반딧불 투어의 경우 직접 운영하는 프로그램이 아닌 데다 지역이 멀어 차편이 불편하거나 시간 약속을 지키지 않거나 식사가 부실할 수 있다. 가격만 보고 결정하지 말고 조건을 꼼꼼하게 따져보아야 한다.

Q 투어 당일에 꼭 영수증을 지참해야 하나?

A 섬 투어와 액티비티와 점심 등의 포함 여부, 인원수가 적혀 있는 영수증을 받으면 투어 당일에 잊지 말고 지참하자. 투어 당일에 영수증을 보고 구명조끼 등 장비를 지급하고 타야 할 배를 지정해준다.

Q 섬에 입장할 때 해양공원 입장료는 별도인가?

A 제셀턴 포인트에서 지불한 요금과 상관없이 배를 타고 섬에 도착하면 해양공원 입장료를 별도로 지불해야 한다. 성인 25링깃, 18세 이하와 60세 이상은 20링깃이다. 입장료는 하루에 한 번만 낸다. 다른 섬으로 이동할 때 다시 구입할 필요가 없으니 파란색 영수증을 버리지 말고 갖고 있자.

툰쿠 압둘 라만 해양공원
Taman Negara Tunku Abdul Rahman

툰쿠 압둘 라만 해양공원은 사피, 마무틱, 마누칸, 가야, 술룩 5개의 섬으로 이루어져 있다. 투명하고 맑은 바다색과 야자수가 우거진 섬들이 아름다워 코타키나발루를 찾는 여행자들이라면 빼놓지 않고 들르는 여행지이기도 하다. 오전에는 제셀턴 포인트를 비롯한 코타키나발루 시내의 여러 선착장에서 각 섬으로 출발하는 배가 30분~1시간 간격으로 운항하고, 오후에는 섬과 섬 사이를 잇는 배, 섬에서 코타키나발루 선착장으로 돌아오는 배가 30분~1시간 간격으로 운항한다. 보통 하루에 2~3개의 섬을 묶어 섬 투어를 다녀오는 경우가 많다. 하루에 2개 이상의 섬에서 물놀이하면 돌아오는 길에 많이 지칠 수 있으니, 가고 싶은 섬을 골라 적당히 여유 있는 스케줄을 짜보자.

컵라면은 미리 챙겨 가자!

모든 섬에서 컵라면과 뜨거운 물을 판다. 섬에서 파는 컵라면은 가격이 비싸기에 보통 시내에서 컵라면을 구입해 가는 경우가 많다. 뜨거운 물은 1회 2링깃이다.

만타나니섬은 어디에?

만타나니섬은 툰쿠 압둘 라만 해양공원에는 속하지 않지만 희고 눈부신 모래밭과 청량한 물빛으로 유명하다. 코타키나발루 시내에서 북쪽에 있어 차량과 보트를 이용해 편도 3시간 가까이 걸리는 섬이지만 워낙 풍경이 아름다워 당일치기나 1박 2일 투어 P.164로 다녀오는 여행자들이 많다.

사피섬

투명한 물빛이 아름다운
사피섬

5개 섬 중에서 가장 아름답다고 손꼽히는 섬이다. 선착장에서 섬으로 들어가면 왼쪽의 희고 고운 해변에서 유유자적 물놀이를 한다. 물고기와 산호가 많아 스노클링을 즐기는 사람들이 많다. 야자수가 만들어낸 그늘을 드리운 오른쪽 해변은 물이 얕고 모래가 고와 아이들과 함께 머물기 좋다. 해변이 넓음에도 단체 관광객이 오는 날에는 꽤 붐빈다. 점심시간에 뷔페를 제공한다.

마무틱섬

늘어진 야자수 아래 쉬어가는
마무틱섬

푸르른 물빛이 아름답기로는 마무틱섬도 만만치 않다. 사피섬보다 백사장 규모는 작지만 그만큼 조용해 여유롭게 쉬어가기 좋다. 선착장에 도착해 오른쪽으로 걸어가면 나무 아래 작은 그네가 매달려 있어 예쁜 사진을 남기기에도 그만이다.

모든 게 적당하니 좋은
마누칸섬

5개 섬 중에서 두 번째로 큰 섬이다. 해변이 길고 넓어 스노클링을 하거나 아이들과 모래놀이를 하거나 다양한 해양 스포츠를 선택해 즐기기 좋다. 수트라 하버 리조트에서 운영하는 빌라에서 숙박이 가능하고, 해변 카페 겸 레스토랑이 잘 운영되고 있어서 편안하게 이용할 수 있다.

가야섬

다양한 액티비티를 즐기는
가야섬

5개 섬 중에서 가장 크지만 남쪽은 수상가옥, 동쪽은 리조트가 차지해 파당 포인트 해변은 의외로 크지 않다. 해변이 작은 대신 다이빙, 파라세일, 바나나보트 같은 해양 스포츠를 즐길 수 있다. 사피섬과 무척 가까워 두 섬을 묶어 즐기곤 한다.

마누칸섬

술룩섬

선착장이 없는 무인도
술룩섬

다섯 번째 섬인 술룩섬은 해변이 작고 선착장이 따로 없어 배가 닿지 않기 때문에 선착장에서 배를 운영하지 않는다.

맛집
RESTAURANT

#가야스트리트맛집 #워터프런트맛집 #락사
#바쿠테 #카야토스트 #루프톱바
#시푸드레스토랑 #선셋다이닝

삼시 세끼를 매번 다른 음식으로 다양하게 즐길 수 있다는 것 또한 여행의 묘미! 코타키나발루 사람들의 아침 식사인 나시 르막, 즐겨 먹는 투아란 미부터 달콤한 카야 토스트, 안주로 딱 좋은 사테이와 닭날개구이, 중국 음식의 영향을 받은 하이난 치킨 라이스와 바쿠테, 고소한 양념을 곁들인 해산물과 노냐 음식으로 널리 알려진 락사까지 새로운 맛을 탐험해보자. 노을을 감상하기 좋은 루프톱 바와 아기자기한 카페, 근사한 분위기의 파인 다이닝 레스토랑까지 갈 곳이 무궁무진!

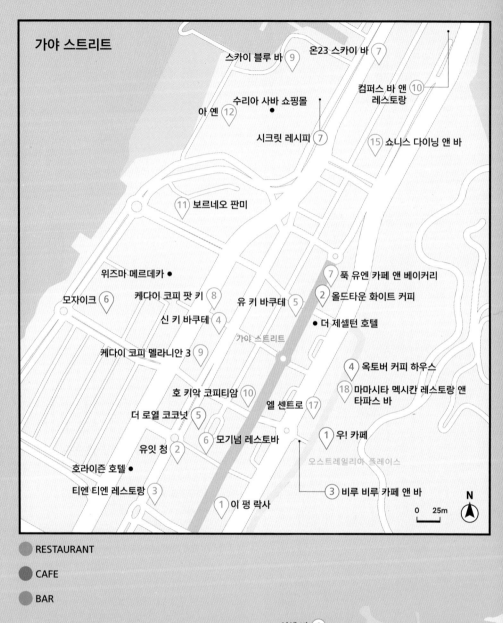

가야 스트리트

스카이 블루 바 ⑨
온23 스카이 바 ⑦
컴퍼스 바 앤 ⑩
레스토랑
아 옌 ⑫
수리아 사바 쇼핑몰 ●
시크릿 레시피 ⑦
⑮ 쇼니스 다이닝 앤 바
⑪ 보르네오 판미
위즈마 메르데카 ●
⑦ 푹 유엔 카페 앤 베이커리
모자이크 ⑥
케다이 코피 팟 키 ⑧
유 키 바쿠테 ⑤
② 올드타운 화이트 커피
신 키 바쿠테 ④
● 더 제셀턴 호텔
가야 스트리트
케다이 코피 멜라니안 3 ⑨
④ 옥토버 커피 하우스
호 키악 코피티암 ⑩
⑱ 마마시타 멕시칸 레스토랑 앤
타파스 바
엘 센트로 ⑰
더 로열 코코넛 ⑤
유잇 청 ②
⑥ 모기넘 레스토바
① 우! 카페
호라이즌 호텔 ●
오스트레일리아 플레이스
티엔 티엔 레스토랑 ③
③ 비루 비루 카페 앤 바
① 이 펑 락사
0   25m
N

RESTAURANT

CAFE

BAR

선셋 바 ①
● 샹그릴라 탄중 아루

징 선셋 바 ②

탄중 아루 해변 ●

코타키나발루
맛집 지도

가야 스트리트

⑧ 루프톱

쿠타 비스트로 ④
마더 인디아 ⑯   ⑭ 쌍천 시푸드

스틸로 루프톱 바 앤 테라스 ⑥

⑬ 웰컴 시푸드

③ 시그널힐 커피

● 더 마젤란 수트라 리조트
⑲ 페르디난드
⑳ 알 프레스코

⑤ 호라이즌 스카이 바 앤 시가 라운지

● 퍼시픽 수트라 호텔

코타키나발루의 지도 보기

▶ 코타키나발루 명소 지도 P.078
▶ 코타키나발루 쇼핑 지도 P.130
▶ 코타키나발루 투어 지도 P.150
▶ 코타키나발루 숙소 지도 P.200

0 250m

N

가야 스트리트의 완소 맛집 ⋯⋯ ①

이 펑 락사 Yee Fung Laksa

산뜻한 연두색 외관으로 손님을 맞이하는 이 펑 락사는 가야 스트리트에서 둘째가라면 서러울 인기 음식점이다. 소고기 국수와 닭고기 국수, 완탕 비빔국수도 팔지만 이 집의 별미는 매콤하고 진한 국물이 한국인 입맛에 잘 맞는 '락사'다. 자리에 앉기 전에 먼저 주문하고 빈 테이블에 앉아 있으면 음식이 금방 나온다. 주문할 때 고수의 취향을 말하면 흔쾌히 빼주거나 많이 담아준다. 락사 국물은 얼큰하고 진한 매운맛에 코코넛 밀크로 단맛을 내고 라임으로 새콤함을 더했다. 고소한 유부와 탱글탱글한 새우, 달걀과 숙주를 고명으로 얹어 식감도 다채롭다. 소고기 국수는 약재 향이 강한 국물에 다양한 부위의 고기를 푸짐하게 담아주어 한 끼가 든든하다. 아침 일찍 문을 열고 저녁에는 닫으니 시간을 잘 맞춰 가자. 언제 가도 사람들이 바글바글하기에 부지런히 방문하는 게 좋다.

🏃 가야 스트리트 입구에서 북쪽으로 70m 도보 1분
📍 127, Jalan Gaya, Pusat Bandar Kota Kinabalu, Kota Kinabalu
🕐 06:30~17:00(화·수 휴무) 🍜 A1 이 펑 락사 10링깃, A2 소고기 국수 10링깃 📞 +6088312042

바삭한 카야 토스트와 사테이 ······ ②

유잇 청 Yuit Cheong

유잇 청은 바삭바삭한 토스트에 카야잼을 살포시 얹은 카야 토스트와 즉석에서 구워 고소한 땅콩 소스에 찍어 먹는 사테이로 유명하다. 불맛이 향긋하게 밴 꼬치가 워낙 맛있어 평균 이상의 맛을 자랑하는 쌀국수가 오히려 조연이 된다. 한자리에 음식점 3개가 모여 장사를 하기 때문에 주문한 메뉴가 나올 때마다 각각 따로 계산해야 한다.

🏃 가야 스트리트 입구에서 북쪽으로 120m 도보 2분, 호라이즌 호텔 입구에서 85m 도보 1분 📍 50, Jalan Pantai, Pusat Bandar Kota Kinabalu, Kota Kinabalu ⏰ 월~목·토 토스트 07:00~17:00(브레이크 타임 12:00~14:30), 쌀국수 08:30~14:00, 사테이 12:30~17:00(사테이만 금 휴무), 금 07:00~ 14:00, 일 07:30~17:00 🍴 카야 토스트 2링깃, 커피 3.2링깃, 밀크티 3.2링깃, 치킨 쌀국수 7링깃, 소고기 쌀국수 7링깃, 닭고기 사테이 1링깃, 소고기 사테이 1링깃. 내장 사테이 1링깃, 양고기 사테이 1.6링깃 📞 +6088252744

하이난 치킨 라이스 맛있는 집 ······ ③

티엔 티엔 레스토랑 Thien Thien Restaurant

가야 스트리트의 레스토랑 중에서 보기 드물게 에어컨이 시원하게 나오는 식당이다. 오전에는 출근길에 간단히 먹을 수 있는 가정식 나시 르막 같은 음식을 팔고, 오후가 지나야 메뉴판에 있는 요리들을 낸다. 저녁이면 가족 단위로 식사하러 나온 사람들이 많다. 중국계 음식점이라 수프, 국수 요리, 볶음 요리가 모두 만족스럽다. 특히 짭조름하고 달콤한 국물을 자작하게 부어 나온 하이난 치킨 라이스는 더위로 지친 입맛이 싹 돌아올 만큼 맛있다. 한쪽에는 물과 어린이들이 좋아하는 시럽 주스 등의 음료를 무료로 제공한다.

🏃 가야 스트리트 입구에서 94m 도보 1분, 호라이즌 호텔 맞은편 📍 57, Jalan Pantai, Pusat Bandar Kota Kinabalu, KotaKina balu ⏰ 07:00~21:30 🍴 CR01 치킨 라이스 10.5링깃, HD28 보리 식혜 3링깃 📞 +6088251805
🏠 thienthienrestaurant.com

짭조름하면서 달콤한
돼지고기의 참맛 ····· ④
신 키 바쿠테
Sin Kee Bah Kut Teh

가야 스트리트의 한쪽에는 바쿠테 가게가 여럿 몰려 있다. 신 키 바쿠테는 푸짐한 바쿠테를 팔기로 유명하다. 바쿠테는 뜨끈한 국물에 돼지고기의 각종 부위가 푸짐하게 담겨 국밥처럼 나오고, 드라이 바쿠테는 돼지고기를 한국 양념갈비처럼 달콤한 간장양념에 좋여 나온다. 드라이 바쿠테를 주문하면 국물을 따로 내주어 국물 맛도 볼 수 있다. 이것저것 맛보고 싶어 많이 시키려 해도 주문을 받는 친절한 할아버지가 적당한 선에서 제지하신다.

🏃 가야 스트리트 입구에서 북쪽으로 70m 도보 1분 📍 127, Jalan Gaya, Pusat Bandar Kota Kinabalu, Kota Kinabalu 🕐 12:00~21:30 🍽 바쿠테 스몰 15링깃, 드라이 바쿠테 스몰 18링깃, 채소볶음 10링깃 📞 +60177646667 ⓕ sinkeebkt

돼지고기를 부위별로 골라 먹는 재미 ····· ⑤
유 키 바쿠테 Yu Kee Bak Kut Teh

돼지고기를 부위별로 나누어 바쿠테를 만들고 작은 그릇에 담아 파는 식당. 한 그릇 양이 적어 2명이 3~4그릇 정도 시키면 적당하다. 한국인들이 가장 즐겨 먹는 메뉴는 8번 삼겹살과 9번 돼지갈비로 호불호 없이 무난하게 맛볼 수 있다. 1번은 머릿고기, 3번은 곱창, 12번은 버섯으로 취향에 따라 추가해 먹어보자. 주문하면 유부와 국물, 국물에 적셔 먹는 빵이 따로 나오는데 공짜가 아니다. 조금 덥더라도 뜨끈한 차를 곁들이면 완벽한 현지식 바쿠테 한 끼가 완성된다. 너무 늦게 가면 인기 메뉴가 매진되고 없으니 적당한 시간에 방문하자.

🏃 가야 스트리트 입구에서 북쪽으로 350m 도보 4분, 더 제셀턴 호텔 맞은편 📍 7, Jalan Gaya, Pusat Bandar Kota Kinabalu, Kota Kinabalu 🕐 14:00~21:30(월 휴무) 🍽 삼겹살 바쿠테 11링깃, 밥 1링깃, 유부 1.5링깃 📞 +6088221192

시원한 생맥주와
깔끔한 음식 ...... ⑥
모기넘 레스토바
Moginum Restobar

가야 스트리트에서 보기 드문 단정하고 깨끗한 인테리어가 시선을 끈다. 새벽부터 문을 열고 아침 식사를 제공한다. 멸치와 땅콩에 오이와 달걀이 올라가는 기본 나시 르막, 치킨을 곁들인 나시 르막, 토스트를 깔끔하게 맛볼 수 있다. 오후에는 생맥주를 여러 잔 마시면 해피 아워 혜택을 받을 수 있고, 2층에서는 요일에 따라 라이브 연주를 들려준다. 노트북을 들고 가서 커피를 마시며 작업하거나 시원한 맥주를 마시며 여행 분위기를 내기에 꽤 괜찮은 바다.

🚶 가야 스트리트 입구에서 북쪽으로 100m 도보 1분 📍 118, Jalan Gaya, Pusat Bandar Kota Kinabalu, Kota Kinabalu 🕐 07:00~24:00 🍺 칼스버그 생맥주 13.9링깃, 나시 르막 7.5~14.5링깃, 테 타릭 3.3링깃 📞 +60102385877 📘 moginumrestobar

카야 토스트와 딤섬으로 유명한 집 ...... ⑦
푹 유엔 카페 앤 베이커리
Fook Yuen Cafe & Bakery

카야 토스트로 유명한 카페는 여럿이지만 현지인들은 푹 유엔 카페 앤 베이커리를 빼놓지 않는다. 굽지 않은 촉촉한 식빵에 버터와 카야잼을 바른 카야 토스트와 바삭하게 구운 식빵에 버터와 카야잼을 바른 카야 토스트 중에서 선택할 수 있다. 음료와 카야 토스트는 카운터에서 주문하고, 다른 식사나 딤섬은 셀프로 접시에 담아 계산하면 된다. 접시에 원하는 만큼 밥이나 면, 반찬을 담아 카운터에 가져가면 반찬의 개당 가격에 맞춰 계산해준다. 다양한 종류의 딤섬을 골라 먹을 수도 있다.

🚶 가야 스트리트 입구에서 북쪽으로 400m 도보 5분, 더 제셀턴 호텔에서 북쪽으로 40m 도보 1분 📍 69, Jalan Gaya, Pusat Bandar Kota Kinabalu, Kota Kinabalu 🕐 06:00~23:00 🍺 밥 2.1링깃, 볶음국수 2.1링깃, 치킨 딤섬 6링깃, 생선 반찬 4링깃, 카야 토스트 2.2링깃 📞 +60168329847 📘 Fook Yuen Cafe & Bakery

굴소스로 양념한 닭날개가 별미 ……⑧

케다이 코피 팟 키 Kedai Kopi Fatt Kee

굴소스에 볶은 닭날개와 갈릭 새우가 맛있기로 유명한 중국식 볶음 요리 식당이다. 굴소스 닭날개의 짭조름하고 달콤한 양념이 한국인 입맛에 잘 맞는다. 찾는 사람이 많아 번호표를 받고 대기해야 한다. 더운 날씨에 오래 서 있기가 힘들지만 일단 한입 맛을 보면 기다리길 잘했다는 생각이 든다. 덥고 지칠 때는 포장해 숙소에 가서 먹는 것도 좋다.

🚶 가야 스트리트 입구에서 북쪽으로 400m 도보 5분, 앙스 호텔 1층
📍 Jln Haji Saman, Pusat Bandar Kota Kinabalu, Kota Kinabalu
🕐 11:00~20:30(일·월 휴무) 🍽 굴소스 닭날개(소) 16링깃, 돼지고기 공심채볶음(소) 12링깃 📞 +60167128268

사바 스타일의 면 요리 탐험 ……⑨

케다이 코피 멜라니안 3 Kedai Kopi Melanian 3

진한 돼지고기 육수로 끓여낸 국수인 샹뉵미(生肉麵)를 맛볼 수 있다. 국물에 들어갈 고기와 면을 고른 다음 면을 국물에 말아주는 수프 타입과 국물과 면을 따로 내는 드라이 타입을 선택한다. 내장을 포함한 다양한 부위를 즐긴다면 믹스를, 아니면 일반 살코기를 고르다. 얼핏 짜장면처럼 보이는 꼰노미는 슴슴한 짠맛이 날 뿐 단맛은 나지 않는다.

🚶 가야 스트리트 입구에서 북쪽으로 400m 도보 5분, 앙스 호텔 1층
📍 No. 34, Jalan Pantai, Pusat Bandar Kota Kinabalu, Kota Kinabalu 🕐 06:30~21:30 🍽 믹스드 누들 12.5링깃, 녹차 밀크티 4.5링깃 📞 +60128382888 📘 kedai kopi melanian3

현지인들과 어울려 브런치를 즐기자 ……⑩

호 키악 코피티암 Ho Ciak Kopitiam

아침 일찍부터 따끈한 빵을 굽는 냄새가 기분 좋게 거리를 메운다. 팥이나 돼지고기가 들어간 찐빵도 팔고 버터빵, 땅콩빵, 치즈빵 등 빵 종류가 다양해 아침을 이곳에서 시작하는 현지인이 많다. 커리 락사와 아쌈 락사, 짜장면과 유사한 비빔면인 호키엔미 같은 일품요리로 든든하게 하루를 맞이할 수도 있다.

🚶 가야 스트리트 입구에서 북쪽으로 210m 도보 3분
📍 100, Jalan Gaya, Pusat Bandar Kota Kinabalu, Kota Kinabalu
🕐 06:30~14:30 🍽 아쌈 락사 10링깃, 돼지고기 볶음국수 12링깃, 돼지고기 찐빵 3링깃 📞 +60109438262 🏠 hociak.my

개운한 국물과 부드러운 면발 ⑪

보르네오 판미 Borneo Pan Mee

판미는 넓적한 면을 맑은 국물에 말아 먹는 국수를 말한다. 돼지고기가 들어간 국물은 잔치국수처럼 개운하고, 넓적한 면의 식감은 칼국수처럼 부드럽다. 멸치와 삶은 달걀이 고명으로 올라가 한 끼 식사로 든든하다. 마늘과 고추를 넣어 칼칼하게 먹으면 해장으로도 그만. 노른자를 그대로 살린 반숙 달걀과 매운 양념을 비벼 먹는 칠리 판미도 맛있다.

🚶 더 제셀턴 호텔에서 서쪽으로 250m 도보 3분, 위스마 사바 서편 1층 📍 B, BG-46 & BG-47, Jln Tun Razak, Kota Kinabalu ⏱ 07:30~15:30 🍜 칠리 판미 10.5링깃, 판미 9.5링깃 📞 +601110303736

돼지고기 고명이 맛있는 국숫집 ⑫

아 옌 Ah Yen

수리아 사바 쇼핑몰에서는 무엇을 먹을지 고민하지 말고, 1940년부터 3대째 내려오는 돼지고기 국수를 먹으러 아 옌으로 가자. 24시간 양념 숙성했다가 바삭하게 튀겨낸 신선한 돼지고기가 이 집의 자랑이다. 갑오징어와 새우, 멸치로 육수를 내어 감칠맛 나는 국물에 돈가스처럼 잘 튀겨낸 돼지고기와 튀긴 빵을 고명으로 얹는다. 돼지고기 덮밥은 양도 든든하고 맛도 좋다.

🚶 더 제셀턴 호텔에서 북쪽으로 500m 도보 7분, 수리아 사바 쇼핑몰 3층 📍 3-33/3-33A, 1, Jln Tun Fuad Stephens, Pusat Bandar Kota Kinabalu, Kota Kinabalu ⏱ 10:30~21:00 🍜 돼지고기 국수 13.9링깃(에그누들), 돼지고기 덮밥 13.9링깃, 차이니스 티 1링깃 📞 +60164779855 📘 ahyenfriedpork

여행 기분을 만끽하는 해산물 식당 ······ ⑬

웰컴 시푸드 Welcome Seafood

어마어마한 규모의 수조와 테이블이 건물 1층에 펼쳐져 있고, 여기저기 둘러봐도 사람들로 북적거린다. 대체 어디가 진짜 웰컴 시푸드인가 고민하지 말고 원하는 자리를 찾아서 앉자. 장사가 워낙 잘되는 바람에 계속 넓혀가는 중이라 어디에 앉아도 웰컴 시푸드 테이블이기 때문이다. 자리를 잡고 테이블 번호를 받은 후 수조에 가서 먹고 싶은 해산물을 고르고, 카운터에서 주문하면 된다. 랍스터, 새우, 게 등이 들어 있는 수조마다 1kg 단위로 가격을 표시해두었다. 새우나 조개 등 다양한 해산물을 맛보고 싶다면 400g, 500g 단위로도 주문할 수 있다. 주문할 때 해산물의 양념 소스를 고르는데 게는 칠리소스, 랍스터는 치즈, 새우는 웻 버터나 드라이 버터 소스를 주로 선택한다. 이곳의 드라이 버터 슈림프는 어느 해산물 가게와 비교해도 훨씬 더 바삭하고 고소하다. 껍데기를 까기도 편하니 새우를 먹을 땐 드라이 버터 소스를 추천한다.

🏃 더 제셀턴 호텔에서 남쪽으로 2km 차량 6분 📍 Lot G18, Komplek Jalan Asia City Phase 2A, Kota Kinabalu ⏰ 12:00~23:30 🅜 킹크랩 1kg 100링깃, 새우 1kg 80링깃, 구이덕(조개) 1kg 52링깃, 그린 랍스터 1kg 339링깃 📞 +6088447866 🏠 wsr.com.my

웰컴 시푸드 vs 쌍천 시푸드

콜키지 프리
웰컴 시푸드와 쌍천 시푸드 모두 술을 가지고 들어갈 수 있다. 맥주는 판매하지만 소주나 와인 등은 판매하지 않으므로 근처 편의점에서 편하게 사서 들어가자. 5링깃의 아이스 버킷을 주문하면 술병을 담가두고 시원하게 마실 수 있다.

같은 500g 맞나요?
웰컴 시푸드에서는 구이덕을 껍데기째로 요리해주고, 쌍천 시푸드에서는 알맹이만 빼서 요리해주어 먹기 편하다. 껍데기가 없어서 그런지 같은 양을 시켜도 구이덕이나 새우 모두 쌍천 시푸드가 조금 더 많은 느낌이 든다.

쌍천 시푸드
Suang Tain Seafood

쌍천 시푸드에는 1983년부터 자리를 지켜온 해산물 레스토랑이라는 큰 현수막이 자랑스럽게 걸려 있다. 주방과 수조와 홀이 모두 따로 분리돼 있으니 테이블이 있는 곳으로 들어가자. 커다란 랍스터를 들어올려 무게를 다느라 북적이는 수조 앞을 지나 건물 안쪽으로 들어가면 시원한 에어컨이 나오는 실내 좌석이 꽤 넓다. 1층과 2층 모두 단정한 테이블이 놓여 인테리어가 굉장히 고급스러워 보인다. 수조에서 무엇을 먹을지 대략 살펴본 다음에 테이블을 지정받으면 웬만한 주문은 테이블에 앉아서 할 수 있다. 킬로그램 단위로 주문한 해산물이 정량으로 잘 요리돼 나온다. 새우의 웻 버터 소스를 볶음밥에 비벼 먹거나 갈릭 소스로 볶은 구이덕 요리를 음미하다 보면 코타키나발루 여행의 묘미가 바로 이 맛이라며 고개를 끄덕이게 된다.

🚶 더 제셀턴 호텔에서 남쪽으로 1.5km 차량 5분
📍 No. 16, Block D, Ground Floor, Sedco Complex, Kampung Air, Kota Kinabalu
🕐 14:30~23:00 🍴 새우 1kg 80링깃, 구이덕 1kg 55링깃, 사바 베지 20링깃, 갈릭 에그 볶음밥 15링깃, 아이스 버킷 5링깃 📞 +601126155796

마늘볶음밥이냐 흰밥이냐

코타키나발루의 시푸드와 마늘볶음밥은 꽤 잘 어울리지만 해산물의 짭조름한 맛과 소스의 맛을 제대로 느끼려면 짭짤한 마늘볶음밥보다 흰밥이 더 나은 선택. 시푸드를 이것저것 시키다 보면 양이 많아지니 밥을 시킬지 말지는 먹으면서 고민해보자.

양고기와 버거에 맥주 한잔 ⑮

쇼니스 다이닝 앤 바 Shoney's Dining & Bar

입구는 의외로 작아 보이지만 실내로 들어서면 단체석이 있을 정도로 꽤 넓은 식
당이다. 근처의 현지 식당보다 가격이 높은 편이지만 가족끼리 방문해 양고기를
나누어 먹거나 커플들이 오붓하게 파스타를 즐긴다. 버거나 샌드위치 같은 서양
식 요리가 잘 나온다. 다양한 칵테일과 하우스 와인, 맥주를 갖추고 있어 하루를
시원하게 마무리하기 좋다.

🚶 가야 스트리트 입구에서 북쪽으로 650m
도보 8분, 더 제셀턴 호텔에서 북쪽으로 300m
도보 4분 📍 Lot 52, Jalan Gaya, Pusat
Bandar Kota Kinabalu, Kota Kinabalu
🕐 11:00~22:00 🅡🅜 클래식 치즈버거 34링깃,
타이거 맥주 17링깃 📞 +60168868786
🅕 shoneysdiningandbar

오셔너스 워터프런트 몰의 인도 식당 ⑯

마더 인디아 Mother India

오셔너스 워터프런트 몰의 1층에 있는 인도 음식점으로 은근히 고급스러우면서
도 이국적인 인테리어로 손님들을 맞이한다. 자리에 앉으면 식전 칩스와 소스를
내주어 음식이 나올 때까지 지루할 틈이 없다. 커리 맛은 풍부하고, 탄두리 치킨
은 맛있게 구워져 나온다. 말레이시아 음식 대신 새롭고 이국적인 맛을 찾을 때
나 메리어트 호텔에서 걸어갈 수 있는 괜찮은 식당을 찾을 때, 워터프런트에서 석
양을 감상한 후 에어컨이 나오는 시원한 식당을 찾을 때 좋은 선택지가 된다.

🚶 가야 스트리트에서 남쪽으로 4km 차량
10분 📍 Oceanus Waterfront Mall 1F Lot
G-40A, Kota Kinabalu 🕐 11:00~15:00,
17:30~22:00 🅡🅜 탄두리 치킨 35링깃,
버터 치킨 커리 32링깃, 갈릭 난 10링깃
📞 +60124809089

이국적인 분위기에서 즐기는 저녁 ...... ⑰

엘 센트로 El Centro

서양 여행자들에게 유명세를 떨치며 이국적인 분위기를 자랑하는
오스트레일리아 플레이스의 터줏대감이다. 짙푸른 페인트로 마무리
한 벽과 대비되는 붉은색 벽지 위에 포도송이처럼 늘어진 거울과 감
각적인 조명이 인테리어를 완성한다. 피자나 파스타 같은 이탈리안 음
식, 부리토와 타코, 케사디아 같은 멕시칸 음식 외에도 치킨 케밥, 맥 앤
치즈 같은 다양한 서양식 메뉴가 있고,
맥주와 칵테일도 다양하다. 음식 맛도 좋
지만 야무지고 친절한 서빙 덕분에 다시
한번 방문하고 싶어지는 곳이다.

🚶 더 제셀턴 호텔에서 동쪽으로 길 건너 220m
도보 3분 📍 18, Lorong Dewan, Pusat
Bandar Kota Kinabalu, Kota Kinabalu
🕐 월·목·일 09:00~23:00, 금~토
09:00~24:30, 해피 아워 16:00~19:00
(금 14:00~19:00) 🍴 그릴드 치킨과 레드
어니언 타코 24링깃, 모히토 25링깃, 올드패션
27링깃 📞 +60148623877

신나는 분위기에서 마르가리타 한잔 ...... ⑱

마마시타 멕시칸 레스토랑 앤 타파스 바 Mamasita Mexican Restaurant & Tapas Bar

멕시코의 축제 한복판에 떨어진 듯 화려한 레스토랑
이다. 알록달록한 멕시코풍 벽화와 어울리는 발랄한
분위기가 식당 안을 가득 메운다. 매콤달콤한 소스가
입에 착 붙는 토르티야나 파히타, 부리토, 케사디아 같
은 멕시코 음식이 다양하다. 예쁜 그릇에 담겨 나오는
음식과 음료가 마음에 쏙 든다. 이왕이면 시원하게 프
로즌 마르가리타를 즐겨볼까. 신나는 라이브 음악을
들으며 망고 마르가리타, 코코넛 마르가리타를 차례로
마시다 보면 여행의 흥이 점점 살아난다.

🚶 더 제셀턴 호텔에서 동쪽으로 길 건너 200m
도보 3분 📍 15, Lorong Dewan, Pusat Bandar Kota
Kinabalu, Kota Kinabalu 🕐 12:00~24:00
🍴 프로즌 마르가리타 25링깃, 클래식 나초 25링깃,
치킨 부리토 볼 25.5링깃 📞 +601165214533

세계적 수준의
이탈리안 파인 다이닝 ····· ⑲
페르디난드 Ferdinand's

코타키나발루에서 고급스러운 파인 다이닝을 찾는다면 단연 으뜸인 곳이 바로 5성급 리조트 더 마젤란 수트라가 자신 있게 내세우는 페르디난드 레스토랑이다. 사바 투어리즘 어워드에서 최우수 레스토랑으로 선정되었고, 말레이시아 매거진 〈태틀러〉가 선정한 말레이시아 베스트 레스토랑으로 인정받았다. 하늘거리는 야자수가 내려다보이는 통유리로 이루어져 있는데, 바다색이 점점 붉게 물들면 리조트 수영장의 푸른 불빛이 넘실대며 이국적인 분위기를 더한다. 여러 요리 대회에서 수상한 경력이 있는 정통 이탈리안 셰프가 해산물과 그릴 요리를 중심으로 감칠맛 풍부한 음식을 제공한다. 코타키나발루 최대이자 최고의 와인 셀러를 보유한 만큼 와인 리스트도 어마어마하다. 먹고 싶은 메뉴를 고르면 어울리는 와인을 자신 있게 추천해주니 와인과 함께 근사한 저녁을 즐겨보자.

🏃 가야 스트리트에서 남서쪽으로 4km, 차량 10분, 더 마젤란 수트라 리조트 로비층 📍 Sutera Harbour Boulevard, Sutera Harbour, Kota Kinabalu
🕐 12:00~14:00, 18:00~23:00 🍽 뉴질랜드 양갈비 구이 125링깃, 농어 필레 96링깃, 수트라 하버 리조트 골드 카드 지참 세트 메뉴 60링깃 📞 +6088318888
🏠 suteraharbour.com/ferdinands

리조트에서 즐기는
바닷바람 ······ ⑳
알 프레스코 Al Fresco

알 프레스코라는 이름처럼 야외에서 시원한 바닷바람을 즐길 수 있는 근사한 지중해 요리 레스토랑이다. 사방이 뚫려 바람이 잘 통하는 실내는 레스토랑으로, 바다 쪽을 향해 앉아 일몰을 바라볼 수 있는 야외 공간은 선셋 바로 불린다. 리조트에서 수영을 즐기다가 시원한 음료를 마시러 선셋 바에 들르거나 일몰을 감상하며 다양한 파스타와 피자, 해산물 요리를 맛보아도 좋겠다. 수트라 하버 리조트의 골드 카드가 있다면 농어구이를 메인으로 하는 3코스의 세트 메뉴를 무료로 맛볼 수 있으니 바다가 바라보이는 좋은 자리로 예약하고 방문하자.

🚶 가야 스트리트에서 남서쪽으로 4km 차량 10분, 더 마젤란 수트라 리조트 1층
📍 1 Sutera Harbour Boulevard, Sutera Harbour, Kota Kinabalu　🕐 11:00~23:00
🍴 지중해식 해산물 수프 38링깃, 시푸드 알리오 올리오 58링깃, 마르게리타 피자 40링깃, 칵테일 39링깃, 생맥주 28링깃, 수트라 하버 리조트 골드 카드 지참 시 세트 메뉴 무료　📞
+60 88 318 888　🏠 suteraharbour.com/al-fresco

아랑 레스토랑
Arang Restaurant

마누칸섬의 아름다운 풍광을 즐기는 방법은 여러 가지 있겠지만 알록달록 트로피컬한 색으로 단장한 아랑 레스토랑에서 반짝이는 해변을 바라보며 맛있는 식사와 음료를 곁들이는 건 어떨까. 수트라 생추어리 로지에 머무는 여행자들에게 조식과 석식을 제공하는 레스토랑이라 언제나 신선하고 다양한 메뉴가 준비돼 있다. 샐러드와 샌드위치, 버거, 피시 앤 칩스 같은 서양식 요리뿐만 아니라 락사나 볶음국수 같은 현지 요리, 바나나튀김이나 코코넛 푸딩 같은 디저트에 맥주와 와인 리스트까지 빠짐없이 모두 풍성하다. 시원하게 늘어지는 야자수 그늘 아래 편안한 의자에 앉아 부른 배를 두들기다 보면 다음에 또 마누칸섬에 놀러 와야겠다는 결심을 하게 된다. 수트라 하버 리조트의 골드 카드를 지참하면 푸짐한 고기와 사테이에 샐러드를 곁들인 근사한 한 끼가 무료로 제공된다.

🏃 제셀턴 포인트에서 마누칸섬까지 보트 15분, 수트라 하버 리조트 선착장에서 마누칸섬까지 보트 12분, 마누칸섬 선착장에서 동쪽으로 200m 도보 3분
📍 Manukan Island, Kota Kinabalu ⏱ 08:00~22:00 💵 로티 파라타 20링깃, 치킨윙 30링깃, 비프 버거 38링깃, 수트라 하버 리조트 골드 카드 지참 시 점심 메뉴 무료
📞 +60178332311 🏠 suterasanctuarylodges.com.my/manukan-island/

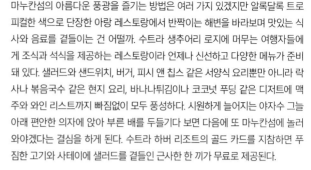

아침 식사가 되는 산뜻한 카페 ...... ①

우! 카페 Woo! Cafe

오스트레일리아 플레이스의 감각적인 카페다. 1층에는 깔끔한 화이트 인테리어에 키 큰 초록 식물을 두어 문을 열고 들어가자마자 기분이 산뜻해진다. 2층으로 올라가면 시그널힐의 정글 뷰를 배경으로 통창 가득 들어오는 햇살이 무척이나 싱그럽다. 베이지색의 나무 테이블과 카페 곳곳의 식물들이 자연스럽게 어울리고, 창 너머에는 초록색이 우거져 풍경을 바라보며 앉아 있기만 해도 기분이 좋아진다. 벽에는 마음껏 책을 꺼내 볼 수 있는 선반이 있고, 테이블에는 작은 QR 코드판을 두어 휴대폰으로 편하게 메뉴를 확인할 수 있다. 메뉴에는 다양한 퓨전 요리와 커피가 갖춰져 있어 풍경과 함께 여유로운 식사를 즐기기 안성맞춤이다. 향긋한 커피와 함께 로디드 토스트를 곁들여 호텔 조식에 버금가는 아침 식사를 해도 좋고, 깔끔한 퓨전 말레이시아 일품요리로 점심 식사를 해도 좋겠다. 풍경만큼이나 음식 맛도 수준급이다.

🚶 더 제셀턴 호텔에서 동쪽으로 240m 도보 3분 📍 21, Lorong Dewan, Pusat Bandar Kota Kinabalu, Kota Kinabalu ⏰ 월 10:00~16:00, 화~목 08:00~17:00, 금~일 09:00~21:00 🍽 로디드 토스트 27링깃, 카페 라테 12링깃, 로즈 레모네이드 15링깃 📞 +60198584130 🏠 woomami.xyz

카야 토스트와
화이트 커피의 조화 ······ ②
올드타운 화이트 커피
OldTown White Coffee

말레이시아에서 가장 유명한 카페이자 레스토랑 체인이다. 진한 커피 색깔의 인테리어는 여느 카페와 달리 중후한 느낌이 들어 단골만 찾을 듯하지만 화이트 커피와 카야 토스트의 조합이 워낙 유명해 여행자의 위시 리스트에 빠지지 않는 곳이다. 가야 스트리트의 행인들을 바라보는 야외 자리가 여행의 즐거움을 돋우지만 낮에는 꽤 더워 오래 앉아 있기는 힘들다. 에어컨을 틀어둔 실내는 시원하고, 여럿이 앉기 편안한 넓은 좌석이 마련돼 있다. 브라운 식빵을 따끈하게 구워낸 카야 토스트에는 달달한 카야잼이 듬뿍 발라져 있고, 길게 자른 버터가 4조각 들어 있다. 살짝 녹은 짭조름한 버터와 달콤한 카야잼이 어우러져 단짠단짠한 맛이 입안 가득 퍼진다. 화이트 커피는 부드럽고 달콤해 토스트와 환상의 궁합을 자랑한다. 커리나 국수, 나시 르막 같은 말레이시아 음식을 세트 메뉴로 맛볼 수 있어 식사 시간이면 현지인들이 북적거린다. 매장에서 다양한 종류의 올드타운 커피를 구경하고 구입할 수 있다.

🚶 가야 스트리트 입구에서 북쪽으로 400m
도보 5분, 더 제셀턴 호텔 맞은편 📍 53, Jalan
Gaya, Pusat Bandar Kota Kinabalu
🕐 08:00~24:00 Ⓜ WC1 화이트 커피
5.9링깃, BB2 카야 토스트 6링깃
📞 +6088259881 🏠 oldtownmy.com

비루 비루 카페 앤 바 Biru Biru Cafe & Bar

파란색으로 칠한 상큼한 카페의 외벽에 코타키나발루에 사는 오랑우탄과 코뿔새, 커다란 라플레시아꽃과 키나발루산이 알록달록 예쁘게 그려져 있다. 카페 야외 자리에 앉아 여행 기분을 만끽하며 사진을 찍으면 화사한 색감 덕에 인생 샷 몇 장을 건질 수 있다. 바깥은 코타키나발루인데, 안으로 들어서면 일본풍의 꽃무늬 우산을 쓰고 기모노를 입은 여인의 그림이 벽을 장식해 갑자기 분위기가 일본으로 변신한다. 낮에는 시원한 에어컨 바람을 쐬며 음료를 즐기는 사람들이 찾아오고, 저녁이면 파스타나 타파스에 맥주를 마시러 오는 사람들이 늘어난다. 버거나 라이스볼, 파스타부터 스낵까지 메뉴판이 무척 두껍다. 무려 9시간이나 되는 긴 해피 아워에는 맥주가 할인되고, 스페셜 칵테일을 1+1으로 판매한다.

🚶 더 제셀턴 호텔에서 동쪽으로 길 건너 260m 도보 3분　📍 24, Lorong Dewan, Pusat Bandar Kota Kinabalu　🕐 12:00~24:00, 해피 아워 12:00~21:00　🅜 비루 비루 라테 13링깃, 망고 바나나 12링깃, 비프 베이컨 카르보나라 23링깃, 생맥주 16링깃
📞 +60168500082　📷 birubirucafe

커피 맛으로 승부하는 활기찬 카페 ······ ④
옥토버 커피 하우스 October Coffee House

연노란색 단정한 외관과 다르게 문을 열고 들어가면 짙은 색 나무로 마감된 활기찬 공간이 펼쳐진다. 한쪽으로는 테이블 위로 복층을 만들어 캠핑 의자가 놓인 아늑한 자리를 마련했다. 커피에 진심인 한국인 주인장이 매일 직접 로스팅한 맛있는 커피 덕분에 빈 테이블을 찾아보기 어려울 정도로 손님이 바글거린다. 지드래곤, 아이언맨 같은 독특한 이름의 주스도 눈길을 끈다. 프렌치토스트, 허니브레드, 브라우니, 샌드위치 같은 빵 종류도 많다.

🚶 더 제셀턴 호텔에서 동쪽으로 길 건너 260m 도보 3분 📍 13, Lorong Dewan, Pusat Bandar, Kota Kinabalu 🕐 09:00~23:00
🍴 아이스 카페라테 12링깃, 지드래곤 10.5링깃, 허니브레드 10.5링깃 📞 +6088277396
📷 octobercoffeegaya

더운 날에는 시원한 코코넛 주스 ······ ⑤
더 로열 코코넛 The Royal Coconut

가게 한복판에 산더미처럼 쌓아둔 판단 코코넛 열매가 이 집의 저력을 보여준다. 여기서는 일반 코코넛보다 조금 더 당도가 높고 맛있는 판단 코코넛을 먹어보자. 컵에 따라 주는 코코넛 주스에도 과육이 들어 있어 씹는 맛을 즐길 수 있다. 푸딩의 식감을 좋아하는 사람이라면 코코넛 푸딩을, 조금 더 달콤한 맛이 좋다면 코코넛 셰이크나 아이스크림을 선택해보자.

🚶 가야 스트리트 입구에서 북쪽으로 200m 도보 2분 📍 44, Jalan Pantai, Pusat Bandar Kota Kinabalu 🕐 11:30~22:00 🍴 판단 코코넛 8링깃, 판단 코코넛 컵 6링깃, 코코넛 셰이크 7링깃, 코코넛 푸딩 15링깃 📞 +6088210558 📘 TheRoyalCoconut

풍부한 맛의 젤라토가 한가득 ⑥
모자이크 Mosaic

먹음직스러운 케이크와 파이가 놓인 진열대 옆에 알록달록한 색으로 유혹하는 젤라토가 가득하다. 가장 인기 있는 젤라토는 망고와 초콜릿. 이왕이면 한국에서 자주 맛보기 힘든 하와이안 코코넛, 바나나 킷캣, 패션 베리 같은 열대 과일 맛을 탐구해보자. 컵에 가득 담아 주어 은근히 양이 많다. 젤라토 외에 오늘의 수프, 샌드위치도 팔고 커피가 맛있기로 유명해 가볍게 휴식을 취할 때 방문하기 좋다. 하얏트 리젠시 키나발루 투숙객에게는 무료 쿠폰이나 할인 쿠폰을 제공하니 잊지 말고 이용해보자.

🚶 가야 스트리트에서 서쪽으로 300m 도보 5분, 하얏트 리젠시 키나발루 외부 1층 📍 Jalan Datuk Salleh Sulong, Kota Kinabalu ⏰ 08:00~22:00 🍽 레인보 라테 13링깃, 젤라토 1컵 18링깃 📞 +6088221234 🏠 hyatt.com

음식도 디저트도 취향에 따라 골라 먹자 ⑦
시크릿 레시피
Secret Recipe

말레이시아에서 유명한 레스토랑이자 카페 체인점이다. 코타키나발루의 이마고 쇼핑몰, 수리아 사바 쇼핑몰, 와리산 스퀘어에 입점해 있다. 타피오카 펄이 들어있는 밀크티 종류가 다양하고 싱가포르식 락사와 태국식 똠얌꿍, 누들 같은 아시아 음식, 스파게티나 라자냐 같은 이탈리아 음식, 초콜릿 선디나 신주쿠 캐러멜 베이커리를 비롯한 달콤한 디저트가 방문객들의 다양한 취향을 만족시킨다. 점심시간에는 음료 한 잔을 곁들인 세트 메뉴를 판매한다.

🚶 더 제셀턴 호텔에서 북쪽으로 500m 도보 6분 📍 수리아 사바 쇼핑몰 GF, 1, Jln Tun Fuad Stephens, Kota Kinabalu ⏰ 10:00~22:00 🍽 커리 미 22링깃, 타이 시푸드 스파게티 25.5링깃, 애플레몬 피즈 10링깃 📞 +6088487333 🏠 secretrecipe.com.my

선라운저에서 뒹굴며 여유로운 시간 ...... ①

선셋 바 Sunset Bar

바다를 향해 툭 튀어나온 선셋 바는 일몰 무렵이면 이름값을 톡톡히 한다. 워낙 여행자들이 많이 찾아 맑은 날에 예약 없이 방문하면 앉을 자리가 없을 정도. 원하는 날짜에 원하는 테이블에 앉으려면 무조건 예약해야 한다. 하루쯤 낭만적인 여행의 추억을 남기고 싶은 커플이나 아이와 함께 편안하게 뒹굴고 싶은 가족이라면 반쯤 누운 자세로 편안하게 바다를 바라볼 수 있는 선라운저 A열 자리를 추천한다. 누울 수 있는 A열 뒤로 앉을 수 있는 소파 좌석이 선라운저 B열, 바다에서 가장 가까운 쪽의 하이 테이블이 선다우너 좌석으로 G열, V열이다. 선라운저와 선다우너에 앉으려면 정해진 1인 최소 주문 가격을 맞춰야 하고 그 가격이 결코 싸지 않음에도, 오픈 시간에 맞춰 입장하는 줄이 매일 길게 늘어선다. 날씨에 따라 달라지는 바다의 표정은 복불복이지만 노을을 기다리며 두근거리는 시간 자체가 여행의 묘미.

🚶 가야 스트리트에서 남서쪽으로 7km 차량 15분 ♥ No. 20, Jalan Aru, Tanjung Aru, Kota Kinabalu ⏰ 17:00~21:00 💵 선라운저 1인 188링깃(스낵 1, 칵테일 1, 무제한 하우스 와인&맥주), 선다우너 1인 98링깃(선셋 후크와 플래터를 제외한 스낵 1, 음료 1), 선셋 후크 80링깃, 플래터 세트 80링깃, 치킨 사테이 65링깃, 케사디아 55링깃, 칵테일 48링깃, 맥주 48링깃 📞 +6088327888 🏠 shangri-la.com/kotakinabalu

탄중 아루 해변을
제대로 즐기는 방법 ⋯⋯ ②
징 선셋 바 Zing Sunset Bar

코타키나발루에서 아름다운 석양을 바라볼 수 있는 곳으로 손꼽히는 탄중 아루 해변에는 밤 풍경에 로맨틱함을 더하는 비치 바가 있다. 선셋 시간이면 현지인과 여행자들이 몰려들어 해변 쪽 테이블이 꽉 들어차니 살짝 여유 있게 도착하자. 식사를 하거나 간단한 스낵에 맥주, 칵테일을 곁들이며 노을을 기다릴 수 있어 좋다. 붉은 노을이 구름을 물들이며 보라색으로 변해갈 무렵 밴드가 음악을 연주하기 시작한다. 밤바다를 바라보며 석양의 여운을 즐긴다.

🚶 가야 스트리트에서 남쪽으로 6.5km 차량 15분
📍 Kinabalu Golf Club, Kota Kinabalu 🕐 14:00~24:00
🆁🅼 플로라도라 칵테일 28링깃, 하이네켄 생맥주 11링깃
📞 +60178957666 🏠 linktr.ee/zingsunsetbar

실내와 야외 좌석에서 즐기는 생맥주 ----- ③

시그널힐 커피 Signal Hill Coffee

시그널힐을 배경으로 호텔 1층에 자리한 카페이자 바. 호텔 로비와 이어진 실내는 시원하고, 밖으로 연결된 야외 자리는 조용하다. 근사한 카페는 아니지만 오후 3시부터 생맥주를 팔아 선선한 저녁이면 맥주 한잔의 여유를 부릴 수 있다.

🚶 KK 워터프런트에서 동쪽으로 2km 차량 7분, 홀리데이 인 익스프레스 코타키나 시티 센터 1층
📍 Jln Tunku Abdul Rahman, Pusat Bandar Kota Kinabalu, Kota Kinabalu ⏰ 15:00~22:00 🍶 소주 30링깃, 타이거 생맥주 35링깃 📞 +6088205835

느긋하게 즐기는 노을과 맥주 ----- ④

쿠타 비스트로 Kuta Bistro

수많은 음식점과 와인 바, 펍이 늘어선 KK 워터프런트에서도 가장 한복판에 있는 비스트로다. 덱이 바다로 툭 튀어나와 KK 워터프런트에서도 전망이 좋은 편이다. 피자와 파스타, 버거 같은 메뉴가 있어 식사하기에 좋고, 감자튀김이나 치킨 윙 같은 간단한 안주를 곁들여 맥주를 마시기에도 좋다. 타이거, 기네스, 하이네켄, 칼스버그 같은 다양한 생맥주를 맛볼 수 있다. 시원한 맥주를 마시며 뜨거운 태양이 서늘해지길 기다리면 섬과 섬 사이로 저무는 붉은 석양을 생생하게 바라볼 수 있다.

🚶 가야 스트리트에서 남쪽으로 1.3km 차량 7분, KK 워터프런트 중앙
📍 Jln Tun Fuad Stephens, Pusat Bandar KotaKinabalu, Kota Kinabalu ⏰ 16:00~02:00 🍶 칼스버그 생맥주 23링깃, 프라이드치킨 윙 20링깃 📞 +60168391965 📘 kutabistro

> ### KK 워터프런트에서 가장 명당은 어디일까?
>
> KK 워터프런트에서는 후각에 의지해 자리를 골라보자. KK 워터프런트의 북쪽에 수산 시장이 자리해 수산 시장과 가까운 식당에서는 그날 바람의 방향에 따라 약간의 비린내가 날 수 있다. 그런 날은 최대한 수산 시장에서 멀리 떨어진 남쪽으로 내려와 자리를 잡는 편이 좋다.

호라이즌 스카이 바 앤 시가 라운지
Horizons Sky Bar & Cigar Lounge

뭐니 뭐니 해도 높은 곳에서 내려다보는 근사한 풍경이 루프톱 바의 묘미라면, 더 퍼시픽 수트라 호텔의 호라이즌 스카이 바는 정말이지 매력적인 곳이다. 한쪽으로는 야자수와 잔디가 잘 정돈된 골프장이 초록빛으로 싱그럽고, 한쪽으로는 마리나에 정박된 요트들이 이국적인 느낌을 더하고, 저 멀리 섬들이 봉긋하게 솟아난 바다가 마음을 간질인다. 나초나 치킨 파이, 샐러드 같은 가벼운 스낵도 있고, 그릴 플래터나 스파게티 같은 요리도 먹을 수 있다. 상큼한 맛과 색의 칵테일을 한잔하면서 일몰을 기다려보자. 마리나를 붉게 물들이던 해가 바다로 사라지면 하늘이 점점 환상적인 보라색으로 변한다. 로맨틱한 시간을 원하는 커플들은 물론이고 여럿이 앉을 수 있는 편안한 소파 자리가 있어 가족끼리 시간을 즐기기에도 좋다.

🚶 가야 스트리트에서 남쪽으로 4km 차량 10분, 더 퍼시픽 수트라 호텔 12층
📍 Boulevard, Level 12, The Pacific Sutera Hotel 1, Sutera Harbour, KotaKinabalu 🕐 17:00~24:00
💵 호라이즌 나초 52링깃, 타이거 생맥주 28링깃, 호라이즌 칵테일 35링깃
📞 +6088303672
🏠 suteraharbour.com/horizons-sky-bar-and-cigar-lounge/

KK 워터프런트 높은 곳에서 바라보는 석양 ⑥

스틸로 루프톱 바 앤 테라스
Stylo Rooftop Bar & Terrace

메리어트 호텔의 스틸로 루프톱 바는 테이블 간격이 널찍해서 공간도, 사람도 여유롭다. 일몰 시간 30분 전에 가면 바다가 내려다보이는 제일 앞 테이블에 앉을 수 있을 만큼 북적이지 않는다. 하지만 성수기에는 한국 여행자가 많은 편이니 좋은 자리에 앉고 싶다면 예약하는 것이 안전하다. 높은 곳에서 내려다보는 툰쿠 압둘 라만 해양공원의 풍경이 무척 아름답다. 요트가 둥실거리고, 섬과 섬 사이를 잇는 보트가 부지런히 오가는 풍경은 석양을 기다리는 시간에 재미를 더한다. 한쪽으로는 메리어트 호텔의 인피니티 풀이 반짝이고, 해질 무렵 켜지는 루프톱 바의 조명도 근사하다. 풍경은 무척이나 환상적이고 칵테일은 꽤나 맛있지만 음식이 느리게 오는 편이니 저녁 식사를 다른 곳에서 할 계획이라면 시간 안배를 잘 해보자.

🚶 가야 스트리트에서 남쪽으로 2km 차량 12분, 코타키나발루 메리어트 호텔 15층 📍 Lot G-23A, Jln Tun Fuad Stephens, Kota Kinabalu
🕐 16:00~24:00, 해피 아워 19:00~ 🍽 블루베리 모히토 36링깃, 테킬라 선라이즈 36링깃, 소시지 플래터 48링깃
📞 +6088286888 🏠 marriottbonvoyasia.com

하얏트 센트릭의 스카이 바 ······· ⑦

온23 스카이 바 ON23 Sky Bar

바다로 향한 유리창으로 시원한 푸른 바다가 펼쳐진다. 층고가 높은 데다 천장 높이까지 유리로 마감해 눈에 담기는 풍경이 더욱 아찔한 느낌이다. 반대쪽 자리에는 초록빛이 넘실대는 시그널힐이 내려다보인다. 창가 쪽에는 여럿이 편안하게 기대어 앉을 수 있는 푹신한 소파를 두었고, 음식을 먹기 편안한 테이블 자리도 갖췄다. 눈부신 해가 가라앉는 저녁이면, 바 전체가 온통 황홀한 보랏빛으로 물들어 낭만적인 분위기로 가득 찬다. 칵테일 한 잔, 맥주 한 잔으로 마음껏 호사를 누려보자.

🚶 가야 스트리트에서 북쪽으로 400m 도보 5분, 하얏트 센트릭 코타키나발루 23층 📍 Jln Haji Saman, Pusat Bandar Kota Kinabalu 🕐 일~목 12:00~24:00, 금~토 12:00~01:00 🍽 치킨 사테이 38링깃, 시그니처 칵테일 42링깃, 칼스버그 생맥주 32링깃 📞 +601548741291 🏠 hyatt.com/hyatt-centric/bkict-hyatt-centric-kota-kinabalu/dining

르 메르디앙의 루프톱 바 ······· ⑧

루프톱 Rooftop

시원한 실내 좌석과 바닷바람을 느낄 수 있는 야외 좌석을 두루 갖췄고, 낮은 라탄 의자와 푹신한 소파, 파라솔 아래 높은 의자까지 구비해 취향대로 원하는 자리에 앉을 수 있다. 바닥에 높낮이를 주어 어느 자리에 앉아도 근사한 석양을 감상하기 좋다. 수준급의 맛을 자랑하는 시그니처 칵테일은 미니어처로 만든 코타키나발루 전통 지게에 칵테일 잔을 담아 보는 재미를 더했다. 짭짤하고 바삭한 오징어튀김과 달콤한 칵테일을 곁들여 바다를 물들이는 붉은 노을을 즐겨보자.

🚶 가야 스트리트 입구에서 서쪽으로 800m 도보 10분, 르 메르디앙 코타키나발루 15층(14층에서 내려한 층 걸어 올라간다) 📍 Jalan Tun Fuad Stephens, Jln Dua Puluh, Kota Kinabalu 🕐 17:00~23:00 🍽 오징어튀김 30링깃, 칼스버그 생맥주 22링깃, 모히토 38링깃, 와키드 시 가만 40링깃 📞 +6088322222 🏠 marriottbonvoyasia.com

그랜디스 호텔의 루프톱 풀 바 ⑨
스카이 블루 바 Sky Blue Bar

그랜디스 호텔 옥상의 수영장 바로 옆에 자리하며, 낮에는 조용한 풀 사이드 바이자 밤에는 석양을 보러 오는 사람들을 위한 루프톱 바다. 고급스러운 바는 아니지만 그래서 더욱 편안하게 맥주 한잔 즐기기 좋다. 가벼운 샐러드나 샌드위치, 새우나 사테이, 양고기나 볶음밥 같은 다양한 메뉴를 갖췄다. 해질 무렵까지 수영하던 사람들이 사라지고 나면 석양을 보러 올라오는 사람들이 하나둘 늘어난다. 밤이 깊어지면 반짝이는 조명과 수영장의 푸른 불빛이 더욱 매력적이다.

🚶 가야 스트리트에서 800m 도보 10분, 수리아 사바 쇼핑몰 바로 옆, 그랜디스 호텔 13층 (R층) 📍 Grandis Hotels and Resorts, Pusat Bandar Kota Kinabalu, Kota Kinabalu 🕐 16:00~22:00 🍴 칼스버그 캔맥주 23링깃, 마이타이 칵테일 27링깃, 클럽 샌드위치 20링깃, 버터 새우 38링깃 📞 +6088522875 🏠 hotelgrandis.com

머큐어 호텔의 루프톱 풀 바 ⑩
컴퍼스 바 앤 레스토랑
Compass Bar & Restaurant

머큐어 호텔의 루프톱 바이자 풀 사이드 바다. 25층이라는 높이가 무색하게도 앞의 건물이 시야를 살짝 가린다. 그래서 석양이 질 때면 건물 사이로 바다가 내려다보이는 바의 가장 왼쪽 자리에 사람들이 몰린다. 일몰을 보러 찾아가기엔 살짝 아쉬운 감이 있지만 투숙객이라면 수영장에서 뒹굴다가 맛있는 간식과 함께 머리 위로 물드는 석양을 즐길 수 있겠다. 가성비 좋은 호텔이라 그런지 메뉴 가격도 그리 높지 않다.

🚶 가야 스트리트에서 북쪽으로 500m 도보 6분, 머큐어 코타키나발루 시티 센터 25층 📍 41, Jalan Gaya, Pusat Bandar Kota Kinabalu 🕐 11:00~23:00 🍴 깜풍 볶음밥 18링깃, 아얌 퍼식 20링깃 📞 +601548761881 🏠 all.accor.com

다시 한번 가고 싶은 레스토랑 & 바

고수를 듬뿍 넣은 음식, 독특한 향신료의 향이 강하게 느껴지는 음식 등 현지인들이 즐겨 먹는 전통 음식을 맛보는 일이
여행의 묘미라고 생각하는 작가가 꼭 한 번 다시 가고 싶은 맛집을 골라보았다.

가야 스트리트에선 뭘 먹지?

아무리 사람이 북적거려도 **이 펑 락사** P.102
의 락사는 꼭 한 번 더 맛보고 싶을 만큼 입에
착 붙는다. 매콤하지만 부드럽고 고소한 국물
에 실한 새우가 들어 있어 입맛을 돋운다. 고
수를 좋아하지 않는다면 주문할 때 빼달라고
말하자. 돼지고기의 여러 부위를 좋아한다면
유 키 바쿠테 P.104에 가서 여러 접시를 시켜
먹는 편이 좋고, 돼지갈비의 짭조름한 맛을
좋아한다면 **신 키 바쿠테** P.104에서 드라이
바쿠테를 시켜 먹는 편이 좋겠다. **케다이 코
피 팟 키** P.106의 굴소스 닭날개는 정말 맛있
지만 오래 기다려야 하고 실내가 무척 더우니
포장을 권한다. **티엔 티엔 레스토랑** P.103의
하이난 치킨 라이스는 달콤한 간장 양념으로
한국인 입맛에 딱 맞으니 이국적인 향신료에
질렸을 때 맛보러 가자.

이펑 락사의 락사

케다이 코피 팟 키의 굴소스 닭날개

선셋을 볼 수 있는 바는 어디가 좋을까?

코타키나발루의 환상적인 선셋을
보려면 저녁마다 어디로 나가야 할
지 고민이 된다. 특별히 예약하지
않았다면 해질 무렵 KK 워터프런
트에 나가 원하는 메뉴를 파는 식
당 앞에 앉아 선셋을 기다리자. 샹
그릴라 탄중 아루의 **선셋 바** P.120
는 워낙 인기가 많아 예약하는 편

호라이즌 스카이 바의 칵테일

이 안전하다. 풍경이 근사한 **호라이즌 스카이 바** P.123나 바다와 가까운
스틸로 루프톱 바 P.124, 실내석이 잘 마련된 르 메르디앙의 **루프톱** P.125
도 리스트업해두자. 얼마나 황홀한 선셋을 만나느냐는 날씨 운에 달렸
으니 이왕이면 취향에 맞는 바에 가서 시간을 보내는 편이 좋겠다.

누구나 좋아할 디저트 맛집

부아부안 용의 과일 음료

커피의 맛을 중요하게 생각하는 사
람에겐 **옥토버 커피 하우스** P.118를,
근사한 브런치와 커피를 곁들이고
싶을 땐 **우! 카페** P.115를 추천한다.
하얏트 리젠시 키나발루에서 운영
하는 **모자이크** P.119의 젤라토는 시
원하고 달콤한 아이스크림이 생각
날 때 딱 좋다. 커피 대신 과일이나

과일 음료를 제대로 먹고 싶다면 **부아부안 용** P.137에서 테이크아웃하길
권한다. **더 로열 코코넛** P.118의 코코넛 셰이크는 코코넛 밀크의 부드러운
달콤함을 좋아하는 사람에게 최상의 만족감을 준다. 아피아피 나이트
푸드 마켓이나 야시장에서 파는 바나나튀김은 바나나의 단맛을 극대화
한 맛으로 달지 않은 간식을 좋아하는 사람은 많이 먹기 어렵다.

가방에 담아 오는 코타키나발루

쇼핑
SHOPPING

#선데이마켓 #아피아피나이트마켓
#필리피노마켓 #야시장 #쇼핑몰
#수리아사바 #이마고몰쇼핑몰 #기념품쇼핑

일요일이면 푸른 천막이 펼쳐지는 선데이 마켓에서 여러
생활용품과 기념품을 사고파는 주민들의 일상에 스며든
다. 나른한 오후에는 수공예품 시장에서 아기자기한 기념
품을, 필리피노 마켓에서 먹음직스런 과일을 골라보고, 주
말 저녁이면 아피아피 나이트 마켓에서 길거리 음식을 섭
렵한다. 이마고 쇼핑몰이나 수리아 사바 쇼핑몰에 가면 시
원하게 쇼핑과 먹거리를 즐길 수 있다. 편의점과 마트에서
다양한 맥주와 주전부리를 고르는 재미도 쏠쏠하다.

가야스트리트
& KK워터프런트

솔트 x 페이퍼 스테이셔너리 앤 기프트 ⑳
부아부안 용 ⑨
통 힝 슈퍼마켓 ⑧
⑪ 수리아 사바 쇼핑몰

위스마 사바 ⑰

위스마 메르데카 ⑯

가야 스트리트

② 코타키나발루 중앙시장

코타키나발루 수산 시장 ③

오스트레일리아
플레이스

⑫ KK 플라자   ㉑ 오렌지 편의점

① 가야 선데이 마켓

수공예품 시장 ④

⑥ 아피아피 나이트
푸드 마켓

필리피노 마켓 ⑤

와리산 스퀘어 ⑬

와우 마켓 ⑭

⑱ 센터 포인트 사바

헬로 마켓 ⑮

⑲ 오셔너스 워터프런트 몰

N

0   100m

● 샹그릴라 탄중 아루

탄중 아루 해변 ●   ⑦ 탄중 아루

코타키나발루
쇼핑 지도

가야스트리트
& KK워터프런트

● 더 마젤란 수트라 리조트

⑩ 이마고 쇼핑몰

● 퍼시픽 수트라 호텔

N

0   250m

가야 선데이 마켓 Gaya Sunday Market

한마디로 없는 게 없는 시장이다. 구경할 거리가 그만큼 쏠쏠하다는 뜻이다. 너울거리는 파란색 천막 안에 푸릇푸 릇한 식물에서부터 커다란 잭프루트, 잘 익은 아보카도 같 은 생과일과 주스, 아이들을 유혹하는 풍선과 솜사탕, 여 행자의 관심을 끄는 에스닉한 의류와 모자, 피나콜 패턴으 로 예쁘게 엮은 목걸이와 팔찌, 코주부원숭이 인형, 편하 게 신을 수 있는 신발과 가방 같은 잡화, 부채와 선풍기 등 코타키나발루에서 나고 만들어진 모든 것들이 늘어서 있 다. 골목길 한쪽에서는 맹인 마사지사들이 파라솔에 의자 를 늘어놓고 발 마사지를 해주고, 한쪽에서는 자신이 그린 일러스트를 팔며, 1인 밴드가 전통 악기를 들고 노래한다. 그리고 오후가 되면 언제 그랬냐는 듯 천막들이 온통 자취 를 감춘다. 그러니 시간이 맞는다면 일요일 오전에만 만날 수 있는 코타키나발루의 신기루를 마음껏 즐겨보자.

🚶 호라이즌 호텔 앞에서 100m, 가야 스트리트 입구에서 더 제셀턴 호텔 앞까지 이어지는 거리 📍 Gaya Street, Pusat Bandar Kota Kinabalu, Kota Kinabalu 🕐 일 06:00~13:00 🆁🅜 자석 3개 12링깃, 팔찌 3개 10링깃, 봉지 커피 5링깃, 원숭이 인형 35링깃, 코끼리 바지 20링깃

현지인들이 주로 찾는 재래시장 ······ ②

코타키나발루 중앙시장
Kota Kinabalu Central Market

코타키나발루를 대표하는 재래시장이다. 1층 과일 가게에서는 작은 단위로 썰어 포장한 과일을 부담없이 사 먹기 좋다. 매운 고추나 레몬그라스, 고수 같은 동남아 채소를 구경하는 재미도 쏠쏠하다. 2층에 올라가면 한산한 식당가 한편에서 어시장 앞바다에 들락거리는 배를 내려다보며 시장 구경하기 좋다.

🚶 가야 스트리트에서 서쪽으로 600m 도보 8분, KK 플라자 맞은편 📍 Jln Tun Fuad Stephens, Pusat Bandar Kota Kinabalu, Kota Kinabalu 🕐 06:00~18:00 💰 망고 1kg 15링 깃, 노란 수박 1팩 2링깃, 사과 1팩 5링깃 📞 +60128380266

펄떡이는 물고기처럼 살아 숨쉬는 시장 ······ ③

코타키나발루 수산 시장
Kota Kinabalu Fish Market

중앙시장 1층을 가로질러 바다 쪽으로 나가면 수산 시장이다. 갓 잡아 올린 생선과 오징어, 새우, 게가 손님의 선택을 기다린다. 생선을 손질하는 주인과 무게를 재며 흥정하는 손님이 시끌벅적한 시장 분위기를 만들어낸다. 바닥이 젖었으니 미끄러지지 않게 조심하자.

🚶 가야 스트리트에서 서쪽으로 720m 도보 10분, 코타키나발루 중앙시장 뒤편 📍 401, Jln Tun Fuad Stephens, Pusat Bandar Kota Kinabalu, Kota Kinabalu 🕐 24:00~16:00 💰 생선 1kg 6링깃, 오징어 1kg 10링깃, 새우 1kg 30링깃 📞 +6088210509

아기자기한 기념품을 골라보자 ······ ④

수공예품 시장 Handcraft Market

뾰족뾰족 독특한 지붕의 시장 앞에는 재봉틀을 두고 수선하는 사람들이 늘어서 다른 시장들과 구분된다. 코타키나발루를 상징하는 기념품과 에스닉한 색감의 바지와 천 가방, 원숭이 인형들이 집집마다 걸려 있다. 특산품인 진주로 만든 액세서리를 파는 집도 많다.

🚶 코타키나발루 중앙시장에서 남쪽으로 250m 도보 3분, KK 워터프런트에서 북쪽으로 250m 도보 3분 📍 Jln Tun Fuad Stephens, Pusat Bandar Kota Kinabalu, Kota Kinabalu 🕐 08:00~18:00 💰 자석 3개 세트 25링깃, 대형 천 가방 65링깃

과일과 건어물, 해산물까지 모두 ······ ⑤

필리피노 마켓 Filipino Market

KK 워터프런트 북쪽부터 수공예품 시장 뒤쪽을 지나 중앙시장 전까지 이어지는 시장을 통틀어 필리피노 마켓이라고 부른다. 코타키나발루에 이주한 필리핀 사람들을 중심으로 열리던 작은 시장이 현지인들까지 모여들며 점점 규모가 커졌다. KK 워터프런트 쪽에서 수십 개의 망고 좌판이 펼쳐지면서 시작되는 시장은 수박, 바나나, 용과를 파는 과일 시장과 온갖 채소를 늘어놓은 채소 좌판으로 이어진다. 채소 좌판의 바깥쪽으로는 건어물을 파는 집들이 늘어섰다. 현지인들이 푸짐한 한 끼 식사를 하거나 해산물을 맛보러 모여든 왁자지껄한 음식점을 지나면 필리피노 마켓의 마지막 코스이자 화룡점정이라 할 수 있는 닭날개 구이 노점들이 나타난다. 달콤한 망고와 맥주 안주로 제격인 닭날개를 사 들고, 맛있는 냄새와 뿌연 연기로 가득한 시장 통을 빠져나오면 오늘의 미션을 제대로 마친 뿌듯한 기분이 든다.

🚶 KK 워터프런트에서 북쪽으로 150m 도보 2분, 코타키나발루 중앙시장에서 남쪽으로 300m 도보 4분 📍 Jln Tun Fuad Stephens, Pusat Bandar Kota Kinabalu, Kota Kinabalu 🕐 08:00~22:00
🆁🅼 아보카도 1kg 10링깃, 용과 1kg 15링깃, 망고 1kg 18링깃, 바나나 1송이 2링깃, 닭날개 1개 2.5링깃, 5개 12링깃

아피아피 나이트 푸드 마켓

Api-Api Night Food Market

일요일 한낮에 선데이 마켓이 열리는 바로 그 자리에서 금요일과 토요일 밤에는 아피아피 나이트 푸드 마켓이 열린다. 선데이 마켓이 한낮 특유의 밝고 화사한 분위기라면 아피아피 나이트 푸드 마켓은 한여름 밤에 펼쳐지는 축제처럼 밤의 열기로 가득하다. 입구의 공원에서는 라이브 공연이 흥을 돋우고, 야식을 먹으러 나온 사람들이 와자지껄 몰려든다. 무게를 달아 계산하는 과일이나 샐러드, 코타키나발루식 양념 닭날개구이, 푸짐한 도시락과 달콤한 디저트, 커피와 각종 음료까지 먹거리의 향연이 펼쳐진다.

🚶 호라이즌 호텔 앞에서 100m, 가야 스트리트 입구에서 더 제셀턴 호텔 앞까지 이어지는 거리
📍 Gaya Street, Pusat Bandar Kota Kinabalu, Kota Kinabalu ⏰ 금~토 18:00~24:00
🆁🅼 과자 3봉지 10링깃, 볶음국수 10링깃, 망고 1kg 15링깃, 주스 3링깃

각종 해산물과 간식거리가 가득 ⋯⋯⋯ ⑦

탄중 아루 비치 나이트 마켓 Tanjung Aru Beach Night Market

바다를 곱게 물들이던 낙조가 사라지고 나면 어둠 속에서 더욱 환하게 불을 밝힌
야시장으로 발길을 옮겨보자. 바닷가에서 노을을 감상하던 사람들이 흥겹게 먹고
마실 수 있도록 먹거리 노점이 빼곡하다. 사테이와 닭날개구이, 생선구이는 기본이
고 신선한 바다 포도와 해산물 요리, 다양한 과일주스, 바나나튀김과 땅콩 같은 간
식까지 부담없이 맛볼 수 있다. 야시장에서 파는 음식을 가져와 먹을 수 있는 테이
블도 넉넉하고, 웬만한 음식은 모두 포장도 해준다.

🚶 더 제셀턴 호텔에서 남쪽으로 6km 차량 15분   📍 Tanjung Aru Beach, Kota Kinabalu
🕐 17:00~22:00   🆁🅼 해산물 볶음면 9링깃, 바다 포도 3링깃, 오징어구이 15링깃, 닭날개 5링깃

한국 제품과 풍성한 주류 ······· ⑧

통 힝 슈퍼마켓
Tong Hing Supermarket

갖가지 식료품뿐만 아니라 베이커리와 작은 카페까지 갖춘 가야 스트리트 끄트 머리의 대형 슈퍼마켓이다. 말레이시아의 음료나 과자, 팩 포장된 과일들을 시원하게 쇼핑하기 좋다. 선크림이나 치약 같은 기본적인 생활용품, 기념품으로도 좋을 차와 커피, 선물 세트가 마련돼 있다. 또 코타키나발루에서는 보기 드물게 주류 코너의 규모가 크다. 가격은 비싸지만 우리나라에서도 맛보지 못한 다양한 맛의 소주가 있고 맥주와 와인, 양주 종류도 많아 한번 둘러볼 만하다.

🚶 더 제셀턴 호텔에서 북쪽으로 250m 도보 3분 📍 55, Jalan Gaya, Pusat Bandar Kota Kinabalu, Kota Kinabalu ⏰ 09:00~23:00 🆁🅼 여스(Yeo's) 음료 사탕수수맛 1.7링깃, 좋은데이 소주 15링깃, 타이거 맥주 6.5링깃 📞 +6088230300

다양하게 맛보는 열대 과일 ······· ⑨

부아부안 용
Buah-Buahan Yong

문밖에 놓인 시원한 냉장고에 신선한 과일을 예쁘게 잘라 진열해 지나는 사람들의 발길을 잡아끄는 과일 가게다. 먹음직스러운 생과일만 봐도 군침이 싹 도는데, 안으로 들어가면 진하게 착즙한 주황색 망고주스, 초록색 아보카도 밀크셰이크, 보라색 용과 주스, 핑크 구아바 요거트가 줄줄이 늘어서 선택의 고민이 길어진다. 과일별로 색깔이 비슷하니 주스인지, 요거트인지, 밀크셰이크인지 뚜껑에 붙은 이름을 잘 보고 사자. 통과일 외에 과일을 다양한 방법으로 가공한 푸딩이나 피클도 판매한다.

🚶 더 제셀턴 호텔에서 북쪽으로 280m 도보 4분, 통 힝 슈퍼마켓 바로 옆 📍 Menara Jubili, 53, Jalan Gaya, Pusat Bandar Kota Kinabalu, Kota Kinabalu ⏰ 월~금 08:00~22:00, 토 08:00~20:00, 일 08:00~18:00 🆁🅼 용과 주스 4링깃, 망고주스 8링깃, 아보카도 밀크셰이크 10링깃 📞 +6088221629

가장 고급스러운
대형 쇼핑몰 ...... ⑩
이마고 쇼핑몰
Imago Shopping Mall

2015년에 오픈한 고급스러운 대형 쇼핑몰이다. 층고가 높은 1층의 정문으로 들어서면 바로 앞에서 코타키나발루의 전통 공연이 펼쳐진다. 원주민 전통 의상을 입은 댄서들의 신명나는 대나무 춤 공연을 코앞에서 즐기다 보면 현대적인 쇼핑몰에 있다는 사실을 까먹을 정도로 신이 난다. 1층에서 2층까지 마이클 코어스, 코치, 보스, 까르띠에 같은 명품 매장이 이어지고, 팍슨의 편집 숍이나 파디니 콘셉트 스토어, 유니클로, H&M 같은 글로벌 SPA 브랜드도 찾아볼 수 있다. 3층에는 삼성, 샤오미, 화웨이의 가전 매장, 어린이용품점과 키즈 카페, 말레이시아 음식을 다양하게 맛볼 수 있는 푸드 코트, 게이밍 존과 영화관을 두루 갖췄다. 지하 1층에는 패스트푸드점과 슈퍼마켓, 환전소가 있어 늦은 시간까지 쇼핑하는 사람들로 북적인다.

🚶 더 제셀턴 호텔에서 남쪽으로 2.3km 차량 10분 📍 KK Times Square, Phase 2, Off Coastal Highway, Kota Kinabalu ⏰ 10:00~22:00, 공연 일정 매일 4회 12:00, 14:00, 16:00, 20:00 📞 +6088275888 🏠 imago.my

이마고 환영 극단의 전통춤 공연

코타키나발루의 원주민 중 하나인 무룻 부족이 사냥을 마치고 집으로 돌아오면 환영의 의례로 '마구나 팁'이라는 춤을 추었다. 보통 대나무 춤으로 알려져 있는데, 양손으로 붙잡은 대나무 막대를 서로 부딪치는 사이 대나무에 발이 걸리지 않도록 빠른 속도로 움직이며 춤을 춘다. 민첩한 몸놀림에서 느껴지는 에너지에 화려한 의상이 더해져 짧은 시간 동안 관객을 휘어잡는다. 마리마리 민속촌에서 같은 공연을 볼 수 있다.

수리아 사바 쇼핑몰
Suria Sabah Shopping Mall

이마고 쇼핑몰이 외국인들에게 어필하기 위한 고급 쇼핑몰이라면 수리아 사바 쇼핑몰은 현지인에게 인기 있는 중저가의 활기찬 쇼핑몰이다. 정문으로 들어서서 왼쪽은 바닷가를 향한 키나발루 윙이고, 오른쪽은 제셀턴 포인트로 향한 제셀턴 윙이다. 그라운드 플로어에는 라도, 스와치, 록시땅, 스와로브스키, 리바이스, 세포라 같은 브랜드가 입점해 있고, 의류나 신발, 인테리어 소품을 다루는 다양한 편집 숍이 있어 원하는 쇼핑 품목을 집중해서 찾기가 편리하다. 키나발루 윙의 3층에는 아 옌 P.107이나 팟 키 같은 음식점들이 몰려 있고, 7층에는 호텔 7 수리아가 있다. 제셀턴 윙 쪽 끄트머리에는 스타벅스와 오렌지 편의점이 있고, 그랜디스 호텔과 연결된 입구가 있다. 그라운드 플로어(GF)와 1층을 따로 표기하고 있으니 매장을 찾을 때 주의하자.

🚶 더 제셀턴 호텔에서 북쪽으로 350m 도보 5분, 제셀턴 포인트에서 남쪽으로 400m 도보 5분 📍 1, Jln Tun Fuad Stephens, Pusat Bandar Kota Kinabalu, Kota Kinabalu ⏱ 10:00~22:00 📞 +6088487087 🏠 suriasabah.com.my

편안하게 즐기는 기념품 쇼핑 ……… ⑫

KK 플라자 KK Plaza

코타키나발루 중앙시장 앞에 자리한 KK 플라자는 장을 보러 나온 현지인들로 늘 북적인다. 지하에 커다란 슈퍼마켓이 있고, 한국인 여행자들을 위해 말레이시아에서 생산된 제품에 한국어 안내가 잘 붙어 있어 먹거리를 구입하기에 좋다. 말린 망고, 알리 커피, 매콤한 멸치 과자가 인기다. 다양한 한국 술도 판매한다. 마트 한쪽에는 봉제가 깔끔한 원숭이 인형이나 전통 악기, 동전 지갑, 자석 같은 기념품을 다양하게 구비해놓아 쇼핑하기 편리하다. 환전소가 있고, 옷 가게와 신발 가게, 안경점이 많아 급하게 필요한 상황에 방문하기도 좋다.

🚶 가야 스트리트에서 서쪽으로 600m 도보 8분, 중앙시장 바로 앞 📍 401, Jln Tun Fuad Stephens, Pusat Bandar Kota Kinabalu, Kota Kinabalu 🕐 09:00~21:00 📞 +60146986188

마사지 숍과 한인 마트가 있는 쇼핑몰 ……… ⑬

와리산 스퀘어 Warisan Square

KK 워터프런트에서 길을 건너면 있는 쇼핑몰이다. 한국인이 운영하는 기념품 숍과 한식당이 입점해 있어 한글 간판이 종종 보인다. 투어를 마친 차량들이 종종 건물 앞에 차를 세우고 스타벅스에 들르거나 한국인들의 쇼핑을 돕는다. 건물 위층으로 마사지 숍이 여럿 있어 선셋 마사지를 받으라고 호객하는 젊은이들이 건물 앞에서 전단지를 나눠준다. 하지만 저렴한 가격대의 숍은 대부분 샤워 시설이 미흡하고 청결하지 않으니 위생에 민감하다면 발 마사지 이상은 받지 말자.

🚶 중앙시장에서 남쪽으로 600m 도보 7분, KK 워터프런트 맞은편 📍 7, Jln Tun Fuad Stephens, Pusat Bandar Kota Kinabalu, Kota Kinabalu 🕐 10:00~22:00 📞 +60128313360

시식하고 구매할 수 있는 기념품 숍 ······ ⑭
와우 마켓 Wow Market

한국인이 운영하는 마켓으로 작은 공간에 실속 있는 기념품들을 잘 진열해두었다. 커피나 말린 망고 같은 다양한 기념품을 한자리에서 골라 담을 수 있어 편리하다. 멸치 과자나 망고 젤리, 코코넛 칩을 맛볼 수 있게 시식통에 덜어두었으니 한입씩 먹어보도록 하자. 친절한 종업원이 이것저것 권해 부담없이 시식해보고 살 수 있다. 여행 중 한국의 맛이 그립다면 한국의 컵라면이나 즉석식품도 구입할 수 있다. 2층에 떡볶이나 달걀말이 같은 한국식 안주를 파는 와우 포차를 운영한다.

🚶 중앙시장에서 남쪽으로 600m 도보 7분, KK 워터프런트 맞은편, 와리산 스퀘어 1층 📍 A-G-18, Jln Tun Fuad Stephens, Pusat Bandar Kota Kinabalu, Kota Kinabalu 🕐 11:00~23:00 🏧 카야잼 12링깃, 알리 커피 1봉지 25링깃, 망고 젤리 8링깃 📞 +60163236141

한국인이 원하는 기념품은 모두 ······ ⑮
헬로 마켓 Hello Market

와리산 스퀘어 한쪽에 와우 마켓이 자리 잡은 후 다른 한쪽에는 헬로 마켓이 들어섰다. 가격대는 둘 다 비슷한데 헬로 마켓이 규모가 더 커서 조금 더 다양한 상품들을 만날 수 있다. 한국인들이 주로 구입하는 커피, 망고, 멸치 과자를 잘 갖추었고, 말레이시아 여행의 여운을 집에서도 느낄 수 있도록 커리 파우더, 삼발 소스, 버터밀크 소스 등을 판매한다. 한국에서 구입하기 어려운 두리안 초콜릿이나 노니 오일을 선물로 구입하는 사람이 많다.

🚶 중앙시장에서 남쪽으로 650m 도보 8분, KK 워터프런트 맞은편, 와리산 스퀘어 1층 📍 Jln Tun Fuad Stephens, Pusat Bandar Kota Kinabalu 🕐 11:30~23:00 🏧 말린 망고 16.9링깃, 멸치 과자 19.2링깃, 노니 오일 80링깃 📞 +6088233813

코타키나발루에서 환율이 제일 좋은 곳 ...... ⑯

위스마 메르데카 Wisma Merdeka

코타키나발루에서는 트래블월렛이나 신용 카드를 쓰기 편리하지만 선데이 마켓에서 자잘한 기념품을 사거나 야시장에서 가벼운 군것질을 할 때는 아무래도 현금이 필요하다. 쇼핑몰에는 대부분 환전소가 있지만 시내에서 가장 환율이 좋은 곳은 금은방이 즐비한 위스마 메르데카다. 1층에 수많은 환전소가 있으니 쓱 둘러보고 환율이 가장 높은 곳에서 환전해보자.

🚶 수리아 사바 쇼핑몰에서 남쪽으로 260m 도보 3분, 더 제셀턴 호텔에서 서쪽으로 230m 도보 3분 📍 AG16, Jln Tun Razak, Pusat Bandar Kota Kinabalu, Kota Kinabalu ⏰ 09:00~19:00(환전소별로 다름) 📞 +60128244365

시원한 그늘을 제공하는 오피스텔 건물 ...... ⑰

위스마 사바 Wisma Sabah

위에서 내려다보면 갈매기처럼 날개를 펼친 모양의 건물이다. 쇼핑몰이 아니라 오피스텔로 쓰는 건물이라 내부가 한적하다. 수리아 사바 쇼핑몰과 위스마 메르데카 사이에 위치해 더운 한낮에 위스마 사바를 통과해 걸어 다니면 서늘하고 좋다. 오며 가며 보르네오 판미P.107를 맛볼 수 있다.

🚶 더 제셀턴 호텔에서 서쪽으로 200m 도보 3분, 수리아 사바 쇼핑몰 앞 📍 Jln Tun Fuad Stephens, Pusat Bandar Kota Kinabalu, Kota Kinabalu ⏰ 07:00~18:00 📞 +6088213686

생필품이 필요할 땐 여기로 ⋯⋯ ⑱
센터 포인트 사바
Centre Point Sabah

지금은 이마고 쇼핑몰이나 수리아 사바 쇼핑몰에게 살짝 밀려난 느낌이지만 여전히 현지인들에게 사랑받는 쇼핑몰이다. 총 7개 층에 약국도 여럿, 환전소도 여럿, 병원도 여럿 있다. 서점과 문구점도 크다. 대형 마트에서 각종 생필품을 구입하거나 기념품을 사기에 좋다.

🚶 KK 워터프런트에서 동쪽으로 450m 도보 5분, 와리산 스퀘어 뒤편
📍 1, Lorong Centre Point, Pusat Bandar Kota Kinabalu, Kota Kinabalu
🕙 10:00~21:30 📞 +688246900
🏠 centrepointsabah.com

일몰을 보러 가는 쇼핑몰 ⋯⋯ ⑲
오셔너스 워터프런트 몰 Oceanus Waterfront Mall

🚶 가야 스트리트에서 남쪽으로 1.6km 차량 10분, KK 워터프런트 바로 옆, 메리어트 호텔 건물 📍 13, Jln Tun Fuad Stephens, Kota Kinabalu 🕙 10:00~23:00
📞 +60145116481

KK 워터프런트 옆에 자리한, 바다를 마주한 쇼핑몰이다. 쇼핑몰 1층에 작은 매점과 편의점이 모여 있고, 휴양지에서 입을 만한 원피스를 파는 옷 가게들이 입점해 있다. 하지만 같은 건물에 있는 메리어트 호텔 투숙객들이 편의점을 주로 이용할 뿐 쇼핑몰 자체의 매력은 떨어진다. 일몰을 보러 오는 사람들이 2층 테라스나 선셋 마사지 숍, 식당에 들르곤 한다.

아기자기하고 독특한 소품 숍 ⋯⋯ ⑳

솔트 x 페이퍼 스테이셔너리 앤 기프트 Salt x Paper Stationery & Gifts

보기 드물게 깔끔한 문구점이다. 일본 스타일의 일러스트와 말레이시아의 패턴을 섞어 자체 제작한 디자인 문구류를 만날 수 있다. 말레이시아와 코타키나발루의 관광지를 그려 만든 일러스트 엽서라든가 바틱 패턴을 응용해 만든 책갈피 같은 독특한 기념품을 득템하는 재미가 있다.

🚶 더 제셀턴 호텔에서 북쪽으로 300m 도보 4분
📍 No. 51, Jalan Gaya, Kota Kinabalu
🕐 10:00~17:30   🏧 일러스트 엽서 1장 3링깃,
바틱 책갈피 15링깃   📞 +60146175717
🏠 saltxpaper.com

간단한 음료를 구입할 땐 ⋯⋯ ㉑

오렌지 편의점
Orange Convenience Store

코타키나발루의 편의점 중에는 오렌지 편의점과 세븐일레븐이 자주 보인다. 코타키나발루에서는 술을 팔지 않는 식당이 많아 여행자들이 맥주와 음료를 사러 가까운 편의점에 들르곤 한다. 호라이즌 호텔과 더 루마 호텔 앞의 오렌지 편의점, 오셔너스 워터프런트 몰의 세븐일레븐이 24시간 오픈한다.

🚶 가야 스트리트 입구에서 서쪽으로 80m 도보 1분, 호라이즌 호텔 맞은편   📍 58, Jalan Pantai, Pusat Bandar Kota Kinabalu, Kota Kinabalu   🕐 24시간   🏧 100plus 2.5링깃, 칼스버그 캔맥주 8링깃, 좋은데이 소주 19.9링깃

환전 어디서 할까? 환전에 대한 모든 것

요즘 해외여행의 대세는 트래블월렛

트래블월렛은 한국의 은행과 연계해 원화를 필요한 만큼 현지 화폐로 충전, 현지에서 사용할 수 있는 서비스다. 트래블월렛 카드를 발급받으면 한국이나 외국 어디서든 실시간 환율을 적용해 원하는 외화로 충전한 다음 현지에서 수수료 걱정 없이 ATM을 이용할 수 있고, 카드는 체크카드처럼 쓸 수 있다. 외화의 잔액이 남으면 다시 원화로 환불도 가능하다. 트래블월렛을 그랩에 연동해두면 현금이 없어도 숙소까지 그랩을 불러 타고 갈 수 있다. 코타키나발루에서는 웬만한 호텔과 레스토랑에서 트래블월렛 카드를 사용할 수 있어 편리하다.

트래블월렛 카드로는 소액만 출금하자

코타키나발루 국제공항에서 그랩이나 택시를 타기 전 ATM 기기에서 트래블월렛 카드로 현금을 인출할 수 있다. ATM에서 인출할 때 환율보다 코타키나발루 시내 쇼핑몰의 환전소에서 현금으로 환전할 때 환율이 더 높으니 현금이 필요하다면 당장 사용할 소액만 인출하도록 하자.

원화를 그대로 가져가자

태국이나 베트남 등 동남아시아의 여러 나라에서는 한국 원화를 환전해주지 않거나 환율이 낮기에 보통 한국에서 100달러 지폐로 환전한 후 현지에서 달러를 현지 화폐로 바꾸는 이중 환전을 하곤 했다. 하지만 코타키나발루에 갈 때는 달러로 환전할 필요 없이 원화 5만 원권 지폐와 1만 원권 지폐를 그대로 들고 가도 된다. 빳빳한 새 지폐가 아니어도 환율을 제대로 적용해주고, 5만 원권과 1만 원권의 환율이 다르지 않아 필요한 금액만 환전할 수 있다.

어디서 환전하면 좋을까?

공항, 호텔에서도 환전할 수 있지만 시내 쇼핑몰의 환율이 가장 높다. 이마고 쇼핑몰이나 수리아 사바 쇼핑몰, KK 플라자, 센터 포인트 사바 등 대부분의 쇼핑몰에 환전소가 있지만 금은방과 환전소가 즐비한 위스마 메르데카가 제일 환율이 높다. 하지만 소액을 환전하기 위해 택시를 타고 찾아가면 배보다 배꼽이 클지도 모르니, 근처에 쇼핑몰이 있다면 가까운 곳에서 환전하는 것을 추천한다.

PART 4

투어로
돌아보는
코타키나발루

코타키나발루에서 만나는 색다른 경험

한눈에 보는 코타키나발루 투어

① 사바 문화를 온몸으로 즐기는 시간 **마리마리 민속촌 투어**

② 오늘은 어떤 섬으로 떠나 볼까 **코타키나발루 섬 호핑 투어**

③ 키나발루산의 구석구석을 둘러보자 **키나발루 국립공원 투어**

물빛이 아름다운 해양공원에서부터 변화무쌍한 표정을 지닌 키나발루산까지
가볼 곳이 많아도 너무 많은 코타키나발루. 보르네오섬의 자연이 숨겨둔 예쁜 꽃과 나무 사이에서
반딧불을 만나고, 키울루강에서 래프팅을 하며 다양한 투어를 즐겨보자.

④ 밤마다 반짝반짝 반딧불이 벌이는 파티 **반딧불 투어**

⑤ 으쌰으쌰 패들을 저으며 신나는 물놀이 **키울루강 래프팅 투어**

⑥ 시내와 외곽의 주요 볼거리를 한번에 **시티 투어와 코콜힐 선셋 투어**

⑦ 저렴한 가격으로 호화로운 라운딩 **골프 투어**

코타키나발루 투어 지도

코타키나발루에서 만나는 색다른 경험

 ① 사바 문화를 온몸으로 즐기는 시간
마리마리 민속촌 투어 P.154

 ② 오늘은 어떤 섬으로 떠나 볼까
코타키나발루 섬 호핑 투어 P.158

 ③ 키나발루산의 구석구석을 둘러보자
키나발루 국립공원 투어 P.166

 ④ 밤마다 반짝반짝 반딧불이 벌이는 파티
반딧불 투어 P.170

 ⑤ 으쌰으쌰 노를 저으며 신나는 물놀이
키울루강 래프팅 투어 P.172

 ⑥ 시내와 외곽의 주요 볼거리를 한번에
시티 투어와 코콜힐 선셋 투어 P.174

 ⑦ 저렴한 가격으로 호화로운 라운딩
골프 투어 P.176

80km, 차량 1시간 20분

투아이 반딧불 ④

만타나니 선착장-만타나니섬
보트로 약 30분 소요

만타나니 선착장

90km, 차량 2시간

달릿 베이 골프 앤 컨트리 클럽

7

7

넥서스 골프
리조트
카람부나이

키나발루산

키울루강 래프팅 5

키나발루산
전망대

포링 온천
포링 캐노피 워크

쪽으로 33km, 차량 50분

구 압둘 라만 해양공원

2

북쪽으로
29km,
차량 40분

25km,
30분 소요

코콜힐

6

55km, 차량 1시간 20분

3

3

키나발루산 식물원

3

보트 30분 소요

70km, 차량 1시간 30분

14km,
차량 20분

동쪽으로 40km,
차량 약 1시간 소요

수트라 하버 골프 클럽 7

코타키나발루 시내 위치

마리마리 민속촌 1

코타키나발루
시내

17km, 차량 35분 소요

25km, 차량 30분

베링기스 반딧불 4

0   5000m

N

코타키나발루 추천 투어 프로그램

코타키나발루에는 굉장히 많은 투어 프로그램이 있다. 그중에서도 한국 여행자들이 가장 선호하는 대표적인 투어들을 모았다. 이외에도 다양한 투어가 있고, 시간과 가격이 자주 변동되니 아래 표는 대략적인 가이드로만 활용하자.

★ 가격은 환율에 따라, 축제와 명절 기간 등 시기에 따라 변동이 가능하다.
★ 단독 투어는 1인당 가격이 높은 편이지만 여럿이 모이면 가격이 낮아지고 스케줄을 자유롭게 조정할 수 있다. 여행사의 홈페이지에서 정확한 가격을 확인해보자.

투어 종류	여행사 상품	설명	소요 시간 / 요금
마리마리 민속촌 투어	〈포유 말레이시아〉 마리마리 민속촌 투어	민속촌에서 운영하는 5개 부족의 전통 가옥을 둘러보고, 전통 음식을 먹으며, 전통 놀이를 즐기는 시간	오전 투어 10:00~14:00, 오후 투어 14:00~18:00 1인 69,000원
코타키나발루 섬 호핑 투어	〈포유 말레이시아〉 해양 스포츠와 함께 즐기는 2섬 투어, 사피섬 + 마무틱섬	아름답기로 유명한 섬 2곳을 모두 둘러보는 투어	08:30~16:00 1인 78,000원
	〈포유 말레이시아〉 해양 스포츠 천국 마누칸섬 투어	시설이 잘 갖춰진 마누칸섬에서의 여유 있는 하루	08:30~16:00 1인 72,000원
	〈포유 말레이시아〉 가야섬에서 섬 투어와 해양 스포츠 투어	파당 포인트 비치에서 해양 스포츠를 즐기는 투어	08:30~15:00 1인 75,000원
	〈포유 말레이시아〉 만타나니섬 당일 투어	오가는 시간은 길지만 그만큼 맑은 물빛으로 힐링	07:00~17:00 1인 100,000원
	〈수트라 하버 리조트〉 만타나니섬 1박 2일 투어	시간이 멈춘 듯한 섬에서의 스노클링과 일몰을 즐기며 여유로운 1박 2일	1일 차 12:00~ 2일 차 15:45 2인 기준 287,000원
키나발루 국립공원 투어	〈포유 말레이시아〉 동양 최고봉 키나발루산과 국립공원 투어	열대우림에서의 짧은 트레킹과 캐노피 워크, 족욕까지 만족스러운 투어	07:30~17:30 1인 88,000원
반딧불 투어	〈포유 말레이시아〉 코타 포유 반딧불 투어	석양이 지는 바닷가를 거닐고 푸짐한 시푸드를 맛보며 반딧불과 조우하기	16:30~20:30 1인 65,000원
	〈올리비아 코타 트래블〉 투아이 반딧불 투어	원숭이와 악어를 만나고 다양한 현지 문화 체험을 곁들인 반딧불 투어	14:30~21:00 1인 200링깃
키울루강 래프팅 투어	〈포유 말레이시아〉 업그레이드 키울루 래프팅 투어	신나는 래프팅과 집라인, 액티비티를 곁들인 투어	08:00~15:00 1인 69,000원
	〈마이 리얼 트립〉 코타키나발루 키울루 래프팅 체험	키울루강에서의 래프팅 체험과 물놀이	08:30~15:00 1인 43,500원
시티 투어와 코콜힐 선셋 투어	〈포유 말레이시아〉 인스타 핵심 포토존 + 코콜힐 투어	시내외의 볼거리를 섭렵하며 사진을 찍고 코콜힐에서 석양을 만나는 투어	13:00~20:00 1인 85,000원

완벽한 하루를 만드는 투어 예약 팁

투어 상품을 제대로 비교하려면?

조인 투어인지 단독 투어인지, 한국어 가이드인지 영어 가이드인지, 미니밴을 이용하는지 승용차를 이용하는지, 픽업과 드롭을 어디에서 하는지, 투어 후에 공항 샌딩이 되는지, 식사가 포함되는지, 입장료가 포함인지 아닌지, 별도로 드는 비용은 없는지, 우천 시 환불이 가능한지, 언제까지 취소하면 환불이 가능한지 등을 확인하자. 옵션에 따라 가격과 구성이 달라지므로 투어를 결정하기 전에 여러 여행사를 꼼꼼하게 비교해본다.

여행지 위치와 소요 시간을 고려하자

숙소 위치와 여행지의 위치에 따라 전체 이동 시간이 달라지므로 투어의 소요 시간을 꼼꼼히 확인해보자. 예를 들어 코타키나발루 시내의 북쪽에 위치한 넥서스 리조트 앤 스파 카람부나이나 샹그릴라 라사 리아에 머물 때 남쪽으로 내려가는 반딧불 투어를 신청하면 왕복 이동 시간이 1시간 30분 더 늘어난다.

내가 머무는 숙소에서 픽업이 가능할까?

코타키나발루 시내의 숙소와 리조트에 머물 경우 대부분의 투어 프로그램에서 픽업해준다. 수트라 하버 리조트, 샹그릴라 탄중 아루 등의 리조트나 이마고 쇼핑몰, 와리산 스퀘어 같은 쇼핑몰에서도 픽업이 가능하다. 코타키나발루 시외의 리조트, 섬 안에 있는 리조트에 머무는 경우 투어 프로그램에 따라 픽업을 해주기도 하고, 별도의 요금을 받거나 픽업이 불가능할 수 있다. 가야섬, 만타나니섬 같은 완전히 시외로 벗어난 지역은 픽업이 불가능하며, 섬에서 머무는 경우 제셀턴 포인트로 나와야 픽업이 가능하다.

제대로 된 투어를 소개하는 추천 여행사

포유 말레이시아 4U Travel

코타키나발루의 다양한 투어 상품을 소개하는 여행사. 조인 투어와 단독 투어 모두 진행하며 대부분의 투어가 노팁, 노옵션, 노쇼핑으로 진행되어 부담없이 원하는 투어를 선택하기 좋다. 15년 이상의 투어 진행 경험, 다양한 맞춤 상품이 있어 코타키나발루뿐만 아니라 쿠알라룸푸르 등 말레이시아 여행을 계획하기에도 좋다.

📞 070-7571-2725 🏠 4utravel.co.kr

수트라 하버 리조트 한국 사무소
Sutera Harbour Resort City Tour

코타키나발루 여행을 계획할 때 수트라 하버 리조트의 홈페이지를 이용하면, 골드카드를 구입해 편안하게 마누칸 섬을 다녀오거나 만타나니섬에서 며칠씩 머물며 온전한 휴양을 즐길 수 있다. 수트라 하버 리조트 한국 사무소의 홈페이지에서 리조트 예약과 골드 카드 발급을 손쉽게 할 수 있다.

📞 02-752-6262 🏠 suteraharbour.citytour.com

마이 리얼 트립 My Real Trip

마이 리얼 트립은 현지 여행사의 여행 프로그램을 온라인으로 판매한다. 코타키나발루 현지에서 활동하는 수많은 여행업체들의 시내 투어, 근교 투어, 이색 투어, 자연 투어, 야경 투어 외에도 사진 투어나 골프 투어 같은 다양한 투어가 올라와 있어 취향대로 비교하고 선택할 수 있다.

📞 1670-8208 🏠 myrealtrip.com

클룩 Klook

마이 리얼 트립이 한국에서 만들어 한국인 여행자에게 어필하는 플랫폼이라면 클룩은 홍콩에서 시작해 세계의 여행자를 대상으로 투어 프로그램을 판매한다. 한국 여행사에서는 보기 드문 농장 투어나 섬 북부의 쿠닷 일일 투어, 동쪽의 셈포르나 투어 등 현지의 여러 업체가 제안하는 독특한 투어들이 많다.

📞 3478-4131 🏠 klook.com

가이드맨 Guideman

코타키나발루 현지에서 가이드 투어를 일정에 맞게 선택할 수 있다. 일행끼리 원하는 대로 투어의 내용과 시간을 정해서 여행할 수 있다.

📞 1644-0435 🏠 guideman.kr

사바 문화를 온몸으로 즐기는 시간
마리마리 민속촌 투어
Mari Mari Cultural Village Tour

민속촌에 상주하는 가이드를 따라 출렁이는 현수교를 건너 계곡 아래 지어진 전통 가옥으로 향한다. 사바에 살고 있는 5개 주요 부족의 독특한 집들, 색다른 의상, 고유의 기술을 체험하며 전통 방식으로 만든 음식을 맛보고 전통문화를 온몸으로 체험하는 즐거운 시간을 보낼 수 있다. 숙련된 농부인 두순족과 룽구스족, 사냥꾼인 룬다예족, 바다의 카우보이 바자우족, 전설적인 전사 부족인 무룻족 등 각기 다른 생활양식을 선보인다. 사바 관광청에서 2014, 2015, 2017, 2019년에 이곳을 '인공적이지 않은 최고의 관광 명소로 선정할 정도로 각 부족의 옛 모습을 거의 그대로 재현해두었다. 시내에서 30분 정도 떨어져 있어 개인적으로 택시나 그랩을 타고 방문할 수 있지만 끝나고 돌아오는 차편이 애매하다. 숙소에서 픽업하고, 끝나면 시내로 데려다주는 투어를 예매하는 게 마음이 편하다.

마리마리 민속촌
🚶 가야 스트리트에서 동쪽으로 17km 차량 35분
📍 Jalan Kionsom, Inanam, Kota Kinabalu

추천
투어

마리마리 민속촌 투어 – 포유 말레이시아

 성인 69,000원, 어린이 59,000원
🕐 오전 투어 10:00~14:00, 오후 투어 14:00~18:00
📞 070-7571-2725 🏠 h4utravel.co.kr

오전 코스 소요 시간 약 4시간

08:30 숙소 픽업
|
09:30 마리마리 민속촌 도착
|
09:40 민속촌 체험하기
|
12:00 점심 식사
|
14:00 시내로 돌아오기

오후 코스 소요 시간 약 4시간

13:00 숙소 픽업
|
15:00 마리마리 민속촌 도착
|
15:10 민속촌 체험하기
|
17:00 저녁 식사
|
18:00 시내로 돌아오기

마리마리 민속촌의 부족들

쌀농사를 지었던
두순족의 집 Dusun House

사바주에서 가장 큰 부족인 두순족은 쌀농사를 지었다. 키나발루산 중턱에서 계단식 논을 볼 수 있는데, 대부분 두순족의 후손이 살며 농사를 짓는 땅이다. 두순족의 집 앞에는 물과 해충과 도둑에게서 쌀을 지키기 위해 높이 지어둔 창고 건물이 서 있다. 집으로 들어가면 여자들이 자던 2층과 남자들이 자던 1층이 분리되어 있고, 한편에 비를 맞지 않기 위해 집안에 설치한 부엌을 볼 수 있다. 쌀로 만든 2가지 종류의 술, 대나무통에 쪄낸 감자 요리를 맛본다.

양봉을 하던
룽구스족의 집 Rungus Long House

룽구스족은 사바에서 4번째로 큰 부족이다. 대나무 안에 벌을 모아 양봉하는 모습을 보며 채집한 꿀을 맛본다. 룽구스족의 집은 길게 지어져 각 방마다 한 세대가 모여 살았고, 젊은 남자들은 침입에 대비하기 위해 마루에서 한데 모여 잠을 잤다. 한가운데 부족장의 방이 화려한 뼈로 장식되어 있다. 룽구스족의 집에서는 다양한 악기의 소리를 들어보고 악기를 연주할 수 있으며, 대나무를 마찰해 불을 피우는 신기한 모습도 볼 수 있다.

빼어난 사냥꾼
룬다예족의 집 Lundayeh House

강가에 사는 룬다예족은 악어를 숭배했기 때문에 용맹한 전사가 죽으면 악어 모양의 무덤을 만들어주었다. 전쟁의 전리품으로 적의 목을 가져다가 위용을 과시했고, 사냥한 동물이나 사람의 해골을 집안 곳곳에 걸어두면 그 영혼이 부족을 지켜준다고 믿었다. 나무껍질을 갈아 정교하게 꼬아서 밧줄이나 옷, 갑옷을 만드는 모습을 보여준다.

지지 않는 전사들
무룻족의 집 Murut Long House

대나무 화살촉에 독을 묻혀 사냥을 하던 무룻족의 집에 도착하면 긴장감이 감돈다. 무룻족으로 분장한 사람들이 큰 소리를 내며 무서운 분위기를 조장하다가 관광객들에게 집안에 들어올 것을 허락한다. 집안에는 탄성이 다른 3종류의 나무를 이용해 만든 트램펄린이 있다. 누가 더 높이 뛰는지 겨루는 전통 놀이를 다 함께 즐길 수 있다.

바다를 누비던 상인들
바자우족의 집 Bajau House

바다를 누비며 교역하고 부를 축적한 바자우족은 사바의 부족 중에서 가장 부유하다. 화려한 색상의 천으로 꾸민 바자우족의 신방에서 멋진 사진을 남길 수 있다. 실처럼 가느다랗게 튀겨낸 코코넛 반죽을 세모난 과자 형태로 만들어준다. 바삭바삭한 전통 과자와 판단 잎을 우려낸 차, 쌀로 만든 부침개까지 실컷 맛보자.

전통춤 공연 Traditional Dance Performance

5개 부족의 집을 순서대로 돌아보고 나면 전통 공연장 앞에서 붉은색 헤나를 팔에 그려주고, 무룻족과 함께 대나무 화살 쏘기 체험을 할 수 있다. 대나무 사이를 빠르게 움직이는 '마구나팁(Magunatip)'이라는 전통춤을 즐겁게 감상하고, 직접 배워본다. 마구나팁은 무룻족 전사들이 돌아오면 환영의 뜻으로 추던 춤으로 고무줄놀이를 하듯 대나무 사이를 폴짝폴짝 뛰어넘는데 동남아시아 각지의 대나무 춤에 비해 굉장히 빠르고 격렬하다. 흥겨운 공연이 끝나면 점심 식사 혹은 다과를 맛보며 투어를 마무리한다.

제셀턴 포인트 선착장

샹그릴라 탄중 아루의 선착장

코타키나발루 투어 ······②

오늘은 어떤 섬으로 떠나 볼까
코타키나발루 섬 호핑 투어
Kota Kinabalu Island Hopping Tour

코타키나발루 앞에 푸르게 펼쳐진 남중국해의 아름다운 섬들을 구경하고, 스노클링과 해양 스포츠를 즐기는 다양한 투어들이 있다. 각각의 섬마다 매력이 다르고, 투어마다 제각기 다른 옵션과 장점을 갖고 있으니, 예산과 취향에 맞게 선택해보자. 바닷가의 풍경에 스며들어 편안한 시간을 보내거나, 바나나보트와 파라세일 같은 신나는 액티비티를 즐기거나, 니모를 찾아 물속을 들여다보는 스노클링과 시 워킹을 경험해 봐도 좋겠다. 여행을 떠나기 전에 한국에서 미리 가고 싶은 섬을 골라 투어를 예약하는 방법도 있고, 코타키나발루를 여행하는 동안 제셀턴 포인트에 직접 찾아가 원하는 옵션으로 투어를 계획하는 방법도 있다. 어린이의 연령에 따라 다이빙, 바나나보트 같은 해양 스포츠는 안전상의 이유로 예약이 불가능할 수 있으니 가족 여행을 계획할 때는 아이를 고려해 옵션을 선택하자. 수트라 하버 리조트나 샹그릴라 탄중 아루는 자체적으로 선착장과 투어 프로그램을 운영해 리조트에 머무는 동안 편안하게 섬 투어에 다녀올 수 있다.

수트라 하버 리조트의 선착장

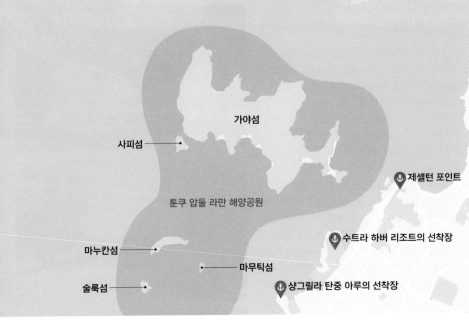

세팡가르섬

가야섬

사피섬

제셀턴 포인트

툰쿠 압둘 라만 해양공원

수트라 하버 리조트의 선착장

마누칸섬

마무틱섬

술룩섬

샹그릴라 탄중 아루의 선착장

섬 투어에 가기 전 가장 많이 하는 질문

Q 섬 투어는 어디에서 예약할까?

A 투어에 따라 픽업 서비스나 점심 식사, 스노클링 장비 무료 대여 같은 세부 옵션이 모두 다르다. 제셀턴 포인트에서 직접 예약하고 흥정하면 한국에서 미리 투어를 예매하는 것보다 가격이 저렴하지만 픽업이나 점심 식사 등이 포함되지 않고, 섬과 섬을 옮겨 다닐 때 안내해주는 사람 없이 스스로 잘 찾아다녀야 한다. 한국인이 운영하는 투어는 보통 픽업 서비스와 점심이 포함되어 있고, 가이드가 섬까지 동행한다. 어느 섬을 여행할지에 따라 포유 말레이시아나 마이 리얼 트립, 클룩 등의 투어 상품을 살펴보자.

Q 섬 투어 갈 때는 무엇을 준비해야 할까?

A 숙소에서 나올 때 수영복을 미리 입고, 젖어도 되는 옷을 걸치고 가자. 자외선이 차단되는 긴팔 래시가드와 워터 레깅스를 입으면 물놀이할 때 물고기나 해파리에게서 몸을 보호할 수 있고, 선크림을 챙겨 바를 걱정이 없어 편리하다. 선크림과 모자는 필수. 스피드보트를 탈 때는 모자를 벗어 들거나 모자의 끈을 꽉 조여야 잃어버릴 염려가 없다. 머무는 호텔에서 수건을 빌려 가져오면 좋다. 투어업체에서 수중 사진을 찍어주는지 확인하고, 방수 팩을 준비해 사진을 찍자.

해양공원에서도 손꼽히는 아름다움
사피섬과 마무틱섬 Sapi Island & Mamutik Island

툰쿠 압둘 라만 해양공원 중에 가장 아름답기로 손꼽히는 섬이 바로 사피섬과 마무틱섬이다. 사피섬은 해변 안쪽으로 넓은 천막을 세워두고 테이블을 비치해 조인 투어 여행자들이나 패키지 여행자들 모두 이용한다. 점심 시간이면 시원한 그늘에 푸짐한 뷔페가 차려진다. 코로나19 이전에는 중국인 관광객들이 많아 시끌벅적했지만 지금은 한가롭게 즐길 수 있다. 마무틱섬은 해변의 나무 그늘에 테이블이 듬성듬성 놓였다. 돗자리를 빌려 가족끼리 오붓한 자리를 마련한 현지인들도 많이 보인다. 여유롭게 여행하는 사람들은 하루에 한 섬만 방문하지만, 시간이 한정적인 여행자들은 하루에 두 섬을 모두 방문하곤 한다. 희고 고운 모래사장에서 일광욕을 하거나 코코넛 주스를 마시며 여유를 부려도 좋고, 가까운 바다로 뛰어들어 스노클링을 하며 알록달록한 물고기들을 만나도 좋겠다. 물속 환경이 깨끗해 스노클링을 하기에도, 다이빙을 즐기기에도 최고다.

추천
투어

해양 스포츠와 함께 즐기는 2섬 투어,
사피섬 + 마무틱섬! – 포유 말레이시아

ⓜ 성인 78,000원, 12세 미만 65,000원, 시 워킹 성인 147,000원, 어린이 134,000원, 파라세일 성인 176,000원, 8세 이상 12세 미만 163,000원 📞 070-7571-2725
🏠 4utravel.co.kr

코스 소요 시간 약 7시간 30분

08:30 숙소 픽업

09:00 선착장에서 섬으로 이동

09:40 스노클링 및 해양 스포츠

12:00 점심 식사

13:00 스노클링 또는 자유 시간

14:30 선착장으로 복귀

16:00 숙소 도착

스노클링할 때는 깃발 색깔에 유의하세요

코타키나발루의 해변에서는 해변에 꽂힌 깃발 색깔에 유의하자. 초록색 깃발은 수영하기 좋은 컨디션의 바다라는 뜻으로 가장 먼 부표까지 나가서 수영이나 스노클링을 할 수 있다. 노란 깃발일 때는 가까운 부표까지만 수영이 허용된다. 빨간 깃발일 때는 물속에 들어갈 수 없다. 보라색 깃발은 해파리가 많이 나타날 때 표시한다. 노란 깃발과 보라색 깃발이 같이 휘날리면 먼바다로부터 해파리가 나타나고 있으니 가까운 바다에서만 수영하라는 뜻이다.

깨끗한 수중 환경, 잘 갖춰진 편의 시설
마누칸섬 Manukan Island

전체적으로 섬 관리가 잘되어 깨끗하고 섬 안에 빌라와 식당, 매점 같은 편의 시설이 잘 갖추어져 있다. 해변이 넓어 스노클링하기에도 괜찮고, 다양한 해양 스포츠를 즐기기에도 손색없다. 아랑 레스토랑의 음식은 현지 요리뿐만 아니라 서양식, 음료, 디저트가 다양하게 준비되어 한국인의 입맛에 잘 맞는다.

마누칸섬을 무료로 다녀오는 법

더 퍼시픽 수트라 호텔이나 더 마젤란 수트라 리조트에서 투숙하면서 골드 카드를 구입했다면 수트라 하버 선착장에서 출발하는 마누칸섬 투어를 무료로 다녀올 수 있다. 무료 투어에 아랑 레스토랑의 근사한 점심도 포함된다. 다만 스노클링 기어 15링깃 등 장비 요금과 해양공원 입장료 25링깃을 별도로 내야 한다.

추천 투어

해양 스포츠 천국 마누칸섬 투어 – 포유 말레이시아

🅁🄼 성인 72,000원, 12세 미만 65,000원, 시워킹 성인 140,000원, 8세 이상 12세 미만 134,000원, 파라세일 성인 169,000원, 8세 이상 12세 미만 163,000원 📞 070-7571-2725 🏠 4utravel.co.kr

코스 소요 시간 약 7시간 30분

08:30 **숙소 픽업**

09:00 **선착장에서 섬으로 이동**

09:40 **스노클링 및 해양 스포츠**

12:00 **점심 식사**

13:00 **자유 시간**

14:30 **섬 출발해 선착장으로 복귀**

16:00 **숙소 도착**

가야섬에서 섬 투어와 해양 스포츠 투어 – 포유 말레이시아

💵 성인 75,000원, 어린이 69,000원, 성인 파라세일 101,000원, 성인 체험 다이빙 153,000원
📞 070-7571-2725 🏠 4utravel.co.kr

소요 시간 약 6시간 30분

08:30 숙소 픽업

09:00 선착장에서 섬으로 이동

10:00 가야섬 도착

10:30 스노클링 및 해양 스포츠

12:00 점심 식사

13:00 자유 시간

14:30 섬 출발해 선착장으로 복귀

15:30 숙소 도착

한국인끼리 오붓하게 즐기는 해양 스포츠

가야섬 Gaya Island

가야섬은 해양공원에서 가장 큰 섬이다. 섬 동쪽에는 고급스러운 리조트가 자리해 조용히 머무는 여행자들이 있고, 섬 남쪽으로는 수상 가옥에서 사는 현지인의 마을이 이어진다. 가야섬 서쪽으로 사피섬과 마주한 작은 해변인 파당 포인트 비치Padang Point Beach가 있어서 이곳 선착장에 여행자들을 태운 배가 오간다. 작지만 아름다운 해변과 다양한 해양 스포츠를 즐길 수 있다.

상상하던 에메랄드 물빛 그대로
만타나니섬 Mantanani Island

만타나니섬은 툰쿠 압둘 라만 해양공원에
속한 섬은 아니지만 '말레이시아의 몰디브'
라고 불릴 정도로 맑은 물빛과 황홀한 풍경
으로 여행자들을 사로잡는다. 코타키나발
루 시내에서 2시간 정도 북쪽으로 달려야
선착장이 나오고, 선착장에서 보트를 갈아
타고도 30분 이상 달려야 만날 수 있는 먼
거리의 섬이지만 그만큼 보석처럼 반짝이는
바다를 누릴 수 있다. 바다 위에 오롯이 떠
있는 한적한 섬의 아름다움과 수평선 너머
로 사라지는 석양의 멋스러움을 제대로 느
끼고 싶다면 섬에서의 하룻밤을 계획해도
좋다. 낮에는 배를 타고 나가 스노클링을 하
며 투명한 바닷속을 들여다보고, 저녁이면
낭만적인 선셋 크루즈에서 인생샷을 남겨
보자. 운이 좋으면 멸종 위기의 동물 듀공을
만나거나 블루 플랑크톤으로 은은하게 빛
나는 밤바다를 눈에 담을 수 있다.

만타나니섬
🚶 코타키나발루 시내에서 북동쪽으로 90km
차량 2시간, 보르네오섬의 선착장에서
만타나니섬까지 보트로 40분
📍 Pulau Mantanani Besar, Kampong
Mantanani, Sabah

만타나니섬으로 가는 수트라 하버 선착장
🚶 가야 스트리트에서 북동쪽으로 90km 차량
2시간 📍 Jetty Sutera Mantanani, Unnamed
road, Kota Belud, Sabah 📞 +6088303870
🏠 suteraatmantanani.com

추천
투어

만타나니섬 1박 2일 올인클루시브 투어 – 수트라 하버 리조트

오전에 출발하는 코스, 오후에 출발하는 코스를 선택할 수 있다. 오전 투어는 오전 6시 30분에 출발해 다음 날 오전 9시에 체크아웃하고 오후 1시 15분에 더 마젤란 수트라 리조트에 도착한다. 수트라 하버 리조트 홈페이지에서 판매하는 더 마젤란 수트라 리조트와 수트라 앳 만타나니 아일랜드 리조트 앤 스파가 연계된 투어·숙박 상품을 이용하면 리조트에 큰 짐을 맡기고 가볍게 섬 투어를 떠나기 편하다.

🎫 성인 2인 기준 샬렛 시 뷰 287,000원~,
성인 2인 기준 프리미엄 샬렛 300,000원~,
교통편과 조식·중식·석식 포함, 선셋 크루즈 포함,
스노클링·카약·비치발리볼·보드게임·트램펄린 무료,
치킨 커리 20링깃, 달걀볶음밥 20링깃,
타이거 캔맥주 12링깃 📞 02-752-6262
🏠 suteraatmantanani.co.kr

오후 출발 코스 소요 시간 약 28시간

1일 차

12:00 더 마젤란 수트라 리조트 로비 미팅 후 출발

15:00 수트라 앳 만타나니 아일랜드 리조트 앤 스파 도착 후 체크인 및 자유 시간

16:00 스노클링 및 해양 스포츠

17:00 선셋 크루즈

19:00 저녁 식사

20:30 블루 플랑크톤 관찰
(3월 초~7월 말, 계절과 날씨에 따라 변동)

2일 차

07:00 아침 식사

09:00 보트 스노클링 투어

11:30 체크아웃 후 점심

13:00 이동

15:45 더 마젤란 수트라 리조트 도착

추천
투어

만타나니섬 당일 투어 – 포유 말레이시아
🎫 1인 100,000원, 노약자와 11세 미만 어린이 투어 불가 📞 070-7571-2725 🏠 4utravel.co.kr

코스 소요 시간 약 10시간

07:00 숙소 픽업

10:30 선착장에서 섬으로 이동

11:00 만타나니섬 도착

11:00 스노클링 및 해수욕

12:00 점심 식사

13:00 자유 시간

15:00 섬 출발

17:00 숙소 도착

코타키나발루 투어 ······③

키나발루산의 구석구석을 둘러보자

키나발루 국립공원 투어
Kinabalu National Park Tour

동남아시아 식물 다양성의 중심지라는 수식어가 붙은 키나발루 국립공원은 2000년 12월 말레이시아 최초로 세계유산에 등재되었다. 세계에서 가장 큰 꽃인 라플레시아와 세계에서 가장 작은 난초가 자란다. 국립공원 내에 희귀한 새와 벌레잡이풀, 다양한 동식물을 만날 수 있는 9개의 트레일 코스를 마련해 트레킹을 좋아하는 사람들은 며칠씩 등반을 한다. 국립공원 한복판에 우뚝 선 키나발루산은 해발 4095m의 높이를 자랑해 정상까지 등반하려면 최소한 이틀이 걸리는 높은 산이다. 키나발루 국립공원 일일 투어를 신청하면 우람한 산봉우리를 마주하는 키나발루산 전망대에서 여정을 시작한다. 열대우림의 나무 사이에 놓인 높이 40m, 길이 160m의 흔들다리를 건너는 포링 캐노피 워크를 지나, 뜨끈한 물에 발을 담글 수 있는 노천 온천인 포링 온천에서 족욕을 즐긴다. 온천 근처에 라플레시아 농원이 몇 군데 있어 운이 좋으면 활짝 핀 라플레시아를 만날 수 있다. 고도가 높아 서늘한 기운이 감도는 키나발루산 식물원에서는 각종 벌레잡이풀과 희귀한 난초를 살펴보며 가볍게 산책하기 좋다.

추천
투어

동양 최고봉 키나발루산과 국립공원 투어
– 포유 말레이시아

💵 성인 88,000원, 어린이 82,000원, 입장료와 중식 포함, 라플레시아 농원 입장료 별도

📞 070-7571-2725 🏠 4utravel.co.kr

코스 소요 시간 약 10시간

07:30 숙소 픽업

09:00 키나발루산 전망대

10:30 포링 온천과 포링 캐노피 워크

12:30 점심

14:00 라플레시아 농원

15:00 키나발루산 식물원

17:30 숙소 도착

키나발루산 전망대
Mt Kinabalu Viewing Platform

구불구불한 길을 한동안 오르면 키나발루산의 뾰족한 봉우리를 마주한 전망대가 나타난다. 오전에 방문하면 역광이어서 산봉우리를 자세히 관찰하기가 어렵지만, 오후가 되면 구름이 피어올라 봉우리가 가려지는 경우가 많으니 이왕이면 오전에 방문하자. 전망대 근처에 기념품과 먹거리를 파는 시장이 줄지어 늘어서서 시내에서 보기 드문 기념품을 저렴하게 판매한다. 여러 과일을 잘라 팩으로도 판매하는데, 다디단 파인애플이 유명한 마을이니 파인애플을 맛보아도 좋겠다.

🚶 가야 스트리트에서 동쪽으로 70km 차량 1시간 30분
📍 Pekan Nabalu, Kota Belud, Sabah

라플레시아 농원 Rafflesia Farm

커다란 라플레시아는 꽃의 지름이 1m가 넘을 정도로 자라나 세계에서 가장 큰 꽃으로 유명하다. 꽃을 피우기까지 1년 가까이 걸리지만 정작 꽃을 피우고 나면 5~7일 이내에 검게 말라 죽는다. 보르네오섬의 라플레시아를 인공적으로 수정해 키우기 위해 전 세계의 식물학자들이 오랜 기간 연구했으나 다른 곳으로 옮기면 자라지 않기 때문에 유일하게 이곳에서만 볼 수 있다. 농원에서 자연적으로 피어난 라플레시아는 보통 지름이 50cm 정도다. 수분을 위해 파리를 유인하는 고약한 냄새를 풍긴다고 하지만 피어나는 동안 사람들은 그 냄새를 맡을 수 없고, 완전히 개화가 끝난 후 검게 말라 썩기 시작하면 그때부터 악취가 난다. 코타키나발루를 여행하는 동안 활짝 핀 라플레시아를 볼 수 있다면 그 또한 행운이 아닐까.

🚶 가야 스트리트에서 동쪽으로 120km 차량 3시간, 키나발루산 전망대에서 동쪽으로 50km 차량 1시간 15분, 포링 온천 주차장 근처 📍 Jalan Poring, Ranau, Sabah 💵 농원 입장료 1인 30링깃

포링 온천 Poring Hot Spring

포링은 두순족의 말로 '대나무'를 의미한다. 대나무가 무성하게 자라난 지역에 자연적으로 솟아난 유황 온천은 파이프를 타고 49~60도의 온도로 탕에 전달된다. 뜨끈한 온천탕을 즐기는 현지인 가족들, 시원한 수영장에 뛰어드는 서양인 여행자들이 어우러진다.

🚶 가야 스트리트에서 동쪽으로 120km 차량 3시간, 키나발루산 전망대에서 동쪽으로 50km 차량 1시간 5분 📍 Poring Hot Spring, Ranau, Sabah
🅜 입장료 18세 이상 50링깃, 17세 미만 25링깃, 개별 온천탕 15~25링깃, 키나발루 국립공원 티켓 소지 시 무료입장

포링 캐노피 워크 Poring Canopy Walk

포링 캐노피 워크 입구에서부터 약 20분 정도 숲길을 걸어 올라간다. 가파른 곳마다 층계가 마련되어 있고 올라가는 길이 꽤 덥다. 지상 30~40m 높이의 캐노피 워크에는 한 번에 6명 이상 같이 올라서지 못한다. 한 사람이 간신히 지나갈 만큼 좁은 나무다리가 아래위로, 옆으로 흔들거려 꽤나 아찔하지만 싱그러운 열대우림을 내려다보면 가슴이 뻥 뚫린다.

🚶 포링 온천 내에 위치 📍 Poring Hot Spring, Ranau, Sabah 🅜 입장료 성인 10링깃, 6~17세 8링깃, 카메라 1대 5링깃

키나발루산 식물원
Mt. Kinabalu Botanical Garden

입구부터 공기가 선선하다. 촉촉함을 머금은 식물원에는 보르네오섬의 다양한 식물들이 쑥쑥 자라고 있다. 야생 바나나를 비롯해 희귀한 난, 다양한 모습을 한 벌레잡이풀들이 모여 있다. 그리 크지 않은 식물원이어서 한 바퀴 도는 데 40분 정도면 충분하다.

🚶 가야 스트리트에서 동쪽으로 72km 차량 1시간 30분 📍 Kinabalu Park, Ranau, Sabah 🅜 국립공원 입장료 18세 이상 5링깃, 17세 이하 3링깃

코타키나발루 투어 ······ ④

밤마다 반짝반짝 반딧불이 벌이는 파티

반딧불 투어
Firefly Tour

매일 저녁 코타키나발루의 반딧불이 만들어내는 환상적인 크리스마스트리를 보러 가자. 깜깜한 밤에 맹그로브 나무 사이를 날아다니는 반딧불이 수백 마리가 반짝반짝 불을 밝히면 아이도 어른도 탄성을 자아낸다. 코타키나발루의 수많은 강을 따라 펼쳐지는 맹그로브 숲 속에는 보르네오섬의 원숭이와 악어들, 반딧불이가 서식한다. 반딧불 투어의 종류가 굉장히 다양하지만 대부분 강을 따라 원숭이와 악어를 만나고, 강줄기 끝 바다에서 오렌지색 석양을 감상하며 예쁜 사진을 찍고, 든든하게 저녁 식사를 한 후 완전히 깜깜해지면 반딧불을 보러 출동하는 코스는 비슷하다. 얼마나 많은 반딧불을 볼 수 있는지 여부는 지역에 따라 다르기보다는 그동안 비가 얼마나 왔는지, 얼마나 많은 투어 보트가 지나다니는지, 그날의 상황 등에 따라 달라질 수 있다. 원숭이나 악어도 마찬가지. 강가에 모기가 많으니 긴소매 옷과 모기 기피제를 준비하자.

베링기스 반딧불 투어

봉가완 반딧불 투어

**투아이 반딧불 투어
– 올리비아 코타 트래블**

봉가완 지역에서 반딧불을 보는 투어다. 시내에서 편도로 이동 시간이 1시간 20분 정도 걸린다. 다양한 체험이 있어 오후 한나절을 알차게 보낼 수 있다.

ⓟ 성인 200링깃, 어린이 180링깃
📞 016-833-2553
🏠 cafe.naver.com/kkolivahouse

코스	소요 시간 6시간 30분

14:30	숙소 픽업
16:00	간식 & 티타임, 바틱 그리기, 활쏘기 체험, 농장 탐방 등
17:00	맹그로브 체험
17:30	비치 선셋
18:30	뷔페식 저녁 식사
19:30	반딧불 투어
21:00	숙소 복귀 혹은 공항 샌딩

반딧불 투어 Q&A

Q 반딧불 투어는 어디가 좋을까?

A 코타키나발루 시내에서 공항을 지나 남쪽으로 30~40분 정도 내려가면 베링기스, 1시간쯤 내려가면 봉가완 지역에서 반딧불을 볼 수 있고, 최근에는 1시간 30분 정도 걸리는 멈바콧 지역까지 반딧불을 보러 가기도 한다. 나나문 지역의 반딧불을 보러 가려면 코타키나발루 시내에서 북쪽으로 2시간, 샹그릴라 라사 리아에서 동쪽으로 1시간 정도 걸리기 때문에 만타나니섬 투어와 연계하는 편이 낫다. 출발지와 왕복 이동 시간을 충분히 고려해 반딧불 투어를 선택하자.

Q 비가 와도 반딧불을 볼 수 있나?

A 코타키나발루에서는 비가 세차게 쏟아져도 금방 그친다. 반딧불 투어 이동 중 버스 안에서 주룩주룩 비가 오더라도, 도착해서 비가 그치면 반딧불 투어가 가능하기 때문에 웬만해서는 투어가 취소되지 않는다. 비가 심하게 와서 투어가 취소되면 요금을 환불해준다.

코타키나발루 투어 ······ ⑤

으쌰으쌰 패들을 저으며 신나는 물놀이

키울루강 래프팅 투어

Kiulu River Rafting Tour

한여름에 시원하게 물살을 헤쳐 나가는 스포츠인 래프팅을 코타키나발루에서는 1년 내내 즐길 수 있다. 코타키나발루의 강줄기를 따라 여러 곳에서 래프팅을 즐길 수 있지만 대표적인 래프팅 투어는 키울루강에서 이루어진다. 비 온 뒤 한탄강이나 동강에서 익스트림한 래프팅을 즐기던 여행자에겐 키울루강의 물살은 잔잔한 느낌, 하지만 어린이를 포함한 가족 단위의 여행자들도 무난하게 즐길 수 있는 코스로 사랑받는다. 수위에 따라 변동이 있으나 보통 1시간 30분~2시간 동안 배를 타고 12~15km 정도 내려가며, 중간중간 보트를 세우고 수영과 물놀이를 만끽한다. 물놀이 후에 먹는 점심은 꿀맛. 투어에 따라 래프팅이 끝나고 나서 집라인이나 월 클라이밍 같은 다양한 스포츠를 즐기는 옵션이 있다.

수영복은 미리 입고 오세요

더운 날씨에 땀이 나면 타이트한 수영복이나 래시가드로 갈아입기가 쉽지 않다. 투어를 신청하면 숙소 앞에서 픽드롭을 해주니 숙소에서 출발할 때 자외선 차단이 되는 긴팔 래시가드, 워터 레깅스를 미리 입고 오는 편이 좋다. 아쿠아 슈즈나 샌들, 수건, 방수 팩 등을 준비하자.

추천
투어

코타키나발루 키울루 래프팅 체험 – 마이 리얼 트립

키울루강에서 래프팅을 진행하는 업체를 마이 리얼 트립에서 찾아볼 수 있다. 리뷰를 잘 보고 투어를 골라보자.

🔞 만 12세 이상 43,500원, 만 11세 미만 43,000원
📞 1670-8208 🏠 myrealtrip.com

코스 소요 시간 약 6시간 30분

08:30 **숙소 픽업**

10:30 **래프팅 장소 도착, 안전 교육**

10:50 **래프팅**

12:50 **점심 식사**

14:00 **이동**

15:00 **숙소 도착**

업그레이드 키울루 래프팅 투어 – 포유 말레이시아

키울루강에서 래프팅이 끝난 후 집라인이나 월 클라이밍 같은 액티비티에 또 한 번 도전할 수 있는 투어다.

🅿️ 래프팅 성인 69,000원, 어린이 62,000원, 집라인 성인 26,000원, 8~18세 20,000원, 월 클라이밍 성인 17,000원
📞 070-7571-2725 🏠 4utravel.co.kr

코스 소요 시간 약 7시간

08:30 숙소 픽업

10:00 래프팅 장소 도착, 안전 교육

10:15 래프팅

11:40 샤워, 휴식 혹은 집라인, 월 클라이밍 등

12:30 점심 식사

13:30 이동

15:00 숙소 도착

코타키나발루 투어 ......⑥

시내와 외곽의 주요 볼거리를 한번에

시티 투어와 코콜힐 선셋 투어
City Tour & Kokol Hill Sunset Tour

코타키나발루의 시내, 시외에 흩어진 크고 작은 여행지들을 하루에 싹 모아서 보고 싶을 땐 시티 투어를 선택하자. 여행자들이 빼놓지 않고 방문하는 코타키나발루 시티 모스크나 UMS 모스크는 모두 시 외곽에 위치해 있으니 묶어서 다녀오면 편리하다. 그랩이나 택시를 대절하면 여행지를 이동할 때마다 시간과 비용을 직접 계산해야 하지만, 투어를 선택하면 이동 거리나 시간과 비용을 신경 쓰지 않아도 된다. 여행 후 남는 건 사진뿐이라고 생각한다면 포토존에서 사진을 찍으며 이동하는 사진 투어를 선택해보자. 현지인 가이드의 친절한 안내를 받으며 교통편 걱정 없이 이동하고 예쁜 사진까지 건질 수 있어 만족스럽다. 카페의 벽화에서부터 UMS의 피나콜 계단까지 아우르는 인생샷 포인트를 방문하고, 해질 무렵 코콜힐 P.091에 올라가 시원한 바람을 느끼며 그네를 타면 근사한 석양을 배경으로 하루가 멋지게 마무리된다.

피나콜 계단

UMS 모스크

174

코타키나발루 시티 모스크

코콜힐

추천
투어

**인스타 핵심 포토존 + 코콜힐 투어
– 포유 말레이시아**

🅜 성인 85,000원, 모스크 내부 입장 시 의상 대여료
별도 📞 070-7571-2725 🏠 4utravel.co.kr

코스 소요 시간 약 7시간

13:00 숙소 픽업

13:30 비루비루 카페

14:00 코타키나발루 시티 모스크

14:40 구 사바주 청사

15:00 UMS 모스크와 UMS 시계탑

16:00 이동

17:15 코콜힐 도착 및 티타임

17:30 그네 타기, 사진 찍기

18:30 저녁 식사

20:00 숙소 도착

코타키나발루 투어 ⋯⋯ ⑦

일년 내내 즐기는
푸릇한 잔디
골프 투어
Golf Tour

골프를 즐기는 사람들에게 코타키나발루의 골프 투어는 꽤나 매력적이다. 공항에서 10분이면 리조트와 골프 클럽에 도착할 수 있어 이동이 편리하고, 항공료와 현지 숙박비를 포함해 골프장의 그린피와 카트피를 다 합쳐도 가성비가 좋은 것은 물론이다. 또, 마음만 먹으면 5성급 리조트에 머물며 잘 관리된 골프 클럽을 이용할 수 있다. 시내에 위치한 수트라 하버 리조트의 골프 클럽, 시내에서 북쪽으로 30~40분 정도 떨어진 샹그릴라 라사 리아와 넥서스 리조트 앤 스파 카람부나이에 골프 클럽이 있어서 원하는 리조트에 머물며 하루 종일 골프를 칠 수 있다. 하루에 한 골프장씩 번갈아 방문하며 3색 골프 투어를 하거나 새벽부터 저녁까지 27홀, 36홀을 돌며 골프를 치는 마니아들도 많다. 대부분의 골프장에서 캐디 없이 2인 플레이를 즐길 수 있고, 카트가 필드 내로 진입 가능하다.

코타키나발루에서 골프를 칠 때 주의할 점

우기에는 스콜이 자주 내려 잔디가 축축하게 젖는 경우가 많으니 신발을 여유 있게 챙긴다. 옷도 양말도 공도 넉넉하게 준비하자. 거리 측정기, 손수건, 화장지, 얼음을 담을 보온병도 있으면 좋다. 카트 위에 가방을 올려둘 때는 가방을 잘 닫아야 원숭이가 내려와 간식거리를 뒤지거나 파우치를 들고 가지 않는다.

코타키나발루의 골프장 BEST 3

수트라 하버 골프 앤 컨트리 클럽
Sutera Harbour Golf & Country Club

세계적인 골프 코스 디자이너인 그레이엄 마시가 설계한 27홀의 챔피언십 골프 코스는 가든 코스, 헤리티지 코스, 레이크 코스 등 3개 코스로 구성되어 골라 치는 재미가 있다. 야간 골프가 가능하니 바다와 필드를 물들이는 붉은 선셋을 즐겨보자. 바다와 호수로 둘러싸인 아름다운 클럽은 시내에 위치해 접근성도 좋아 인기가 많으니 예약을 서둘러야 한다.

🚶 가야 스트리트에서 남쪽으로 3km 차량 8분, 더 마젤란 수트라 리조트나 더 퍼시픽 수트라 호텔 로비에서 셔틀버스 운영
📍 Jalan Utama Sutera Harbour, Sutera Harbour Boulevard 📞 +6088318888 🏠 suteraharbour.co.kr/GolfClub.asp

달릿베이 골프 앤 컨트리 클럽
Dalit Bay Golf & Country Club

호주 골프 코스 설계자인 테드 파슬로가 디자인했으며 한쪽으로는 바다가, 한쪽으로는 강과 연못이 펼쳐진 아름다운 골프 클럽이다. 수많은 벙커를 극복해야 하고, 승부욕이 샘솟는 긴 홀이 종종 있어서 약간 까다로운 편이지만 그만큼 흥미롭다. 골프장 입구에 스파가 자리해 골프를 치고 난 후 개운하게 마사지를 받기 좋다.

🚶 가야 스트리트에서 북쪽으로 33km 차량 50분, 샹그릴라 라사 리아 로비에서 셔틀버스 운영 📍 Pantai Dalit Tuaran, 89208 Kota Kinabalu, Sabah 📞 +6088797870 🏠 dalitbaygolf.com.my

카람부나이 리조트 골프 클럽
Karambunai Resort Golf Club

세계적인 골프 코스 설계자인 로날드 프림이 디자인한 골프장. 높낮이가 있는 페어웨이, 작은 호수들을 두어 아기자기하고 다양한 코스를 제공하며 그린 컨디션이 좋다. 넥서스 리조트 앤 스파 카람부나이의 깔끔하게 리모델링한 객실에 머물며 매일 원하는 만큼 골프를 칠 수 있는 다양한 투어 상품이 있다.

🚶 가야 스트리트에서 북쪽으로 29km 차량 40분, 넥서스 리조트 앤 스파 카람부나이 로비에서 셔틀버스 운영 📍 Jln Karambunai, Karambunai, Kota Kinabalu, Sabah 📞 +6088480888
🏠 nexusresort.com/kr/golf

PART 5

현지에서
바로 통하는
여행 준비

추천 여행 코스

COURSE ①
주말을 끼고 알차게 즐기자! 3박 5일 기본 코스

코타키나발루를 처음 여행한다면 빼놓을 수 없는 툰쿠 압둘 라만 해양공원 투어와 시내 구경, 맛집 탐방을 해보자.
금요일 하루 휴가를 내면 목요일 밤에 출발해서 월요일 아침에 도착하는 일정으로 꽉 찬 3일을 보낼 수 있다.

DAY 1

코타키나발루로 출발

코타키나발루로 출발하는 항공편은 대체로 오후 늦은 시간에 있어, 도착하면 저녁인 경우가 많다. 바로 숙소로 이동해 휴식을 취하도록 하자.

`17:00` 인천국제공항 출발

비행 5시간 20분

`21:30` 코타키나발루 국제공항 도착 P.197

차량 15분

`22:30` 시내 숙소 도착, 체크인

KK 워터프런트

코타키나발루 시티 모스크

DAY 2

코타키나발루 시내 탐방

코타키나발루 시내를 구경하며 환전도 하고, 맛집도 가고, 투어도 예약하며 여행 나온 기분을 만끽한다.

`09:00` 위스마 메르데카에서 환전 P.142

도보 8분

`10:00` 제셀턴 포인트에서 투어 예약 P.094

도보 5분

`11:00` 수리아 사바 쇼핑몰 구경 P.139

도보 10분

`12:00` 점심 식사 이 펑 락사 P.102

차량 12분

`14:30` 코타키나발루 시티 모스크 둘러보기 P.084

차량 13분

`15:00` UMS 모스크와 UMS 둘러보기 P.085

차량 30분

`17:30` KK 워터프런트에서 선셋 만나기 P.082

차량 30분

`20:00` 필리피노 마켓에서 간식 사기 P.134

> **코타키나발루가 처음이세요?**
> 코타키나발루가 처음이라면 시내에서 멀리 떨어진 리조트보다는 시내의 호텔에 머물면서 이동 시간을 줄이고, 더욱 다양한 문화와 자연, 음식을 즐긴다. 주말을 끼고 여행한다면 금요일과 토요일 밤에 열리는 아피아피 나이트 푸드 마켓과 일요일 아침의 가야 선데이 마켓을 둘러볼 수 있다.

이펑락사

DAY 4

마지막까지 알차게

아침 일찍 코타키나발루의 명물 시장인 가야 선데이 마켓을 돌아보자. 오전에는 보르네오섬 원주민의 문화가 살아있는 마리마리 민속촌을 둘러보고, 오후에는 반딧불 투어를 마치고 공항으로 향하면 하루가 알차다.

07:30 가야 선데이 마켓에서 기념품 쇼핑 P.132

차량 40분

09:30 마리마리 민속촌의 문화 체험 P.092

차량 1시간 30분

16:30 반딧불 투어 즐기기 P.170

차량 1시간 10분

21:00 코타키나발루 국제공항에서 수속

DAY 5

한국으로 출발

돌아오는 귀국편은 밤 12시경에 출발하는 경우가 대부분이다. 한국 공항에 새벽에 도착하니 이후 일정과 이동 수단을 미리 알아두는 것이 좋다.

05:30 한국 공항 도착

툰쿠 압둘 라만 해양공원

가야 선데이 마켓

DAY 3

신나는 해양공원 투어

아름다운 해양공원에서 스노클링을 즐기고, 시푸드 레스토랑에서 코타키나발루의 맛있는 해산물 요리를 맛본다.
코타키나발루 섬 호핑 투어 P.158

09:00 툰쿠 압둘 라만 해양공원으로 출발

보트 15분

10:00 스노클링 즐기기

도보 1분

12:00 섬에서 점심 식사

보트 15분

16:00 숙소에 돌아와 휴식

차량 10분

18:00 아피아피 나이트 푸드 마켓 구경 P.135

차량 7분

19:30 저녁 식사 티엔 티엔 레스토랑 P.103

COURSE ②
바다와 리조트에서 힐링하는 3박 5일 휴양 코스

1년 내내 사랑스러운 날씨의 코나키나발루에서 아름다운 섬을 누비며 해수욕과 스노클링을 즐기고,
월드 클래스의 호텔과 리조트에서 쉬어가며 행복한 추억을 만들어보자.

DAY 1

코타키나발루로 출발

코타키나발루로 출발하는 항공편은 대체로 오후 늦은 시
간에 있어, 도착하면 저녁인 경우가 많다. 바로 숙소로 이
동해 휴식을 취하도록 하자.

17:00 인천국제공항 출발

비행 5시간 20분

21:30 코타키나발루 국제공항 도착 P.197

차량 15분

22:30 시내 숙소 도착, 체크인

UMS 모스크

필리피노 마켓

DAY 2

휴식과 관광, 두 마리 토끼 잡기

오전에는 여유롭게 휴식을 즐기다가 오후에 코타키나발
루의 랜드마크를 구경한다.

09:00 리조트 둘러보며 아침 수영

도보 5분

12:30 위스마 메르데카에서 환전 P.142

도보 4분

13:00 점심 식사 신 키 바쿠테 P.104

차량 12분

14:30 코타키나발루 시티 모스크 방문 P.084

차량 13분

15:00 UMS 모스크와 UMS 둘러보기 P.085

차량 30분

17:30 KK 워터프런트에서 선셋 만나기 P.082

도보 3분

20:00 필리피노 마켓에서 간식 사기 P.134

신 키 바쿠테

DAY 3

신나는 해양공원 투어

코타키나발루에서 가장 아름다운 풍경으로 손꼽히는 툰쿠 압둘 라만 해양공원에서 유유자적 산책과 스노클링을 즐긴다.

코타키나발루 섬 호핑 투어 P.158

`09:00` 리조트에서 아침 산책

도보 5분

`11:00` 리조트 선착장에서 섬으로 출발

보트 15분

`12:00` 섬에서 맛있는 점심 식사

보트 15분

`15:00` 리조트로 돌아와 휴식

도보 5분

`18:00` 호라이즌 스카이 바에서 선셋 즐기기 P.123

차량 10분

`19:30` 저녁 식사 쌍천 시푸드 P.109

마누칸섬

호라이즌 스카이바

반딧불 투어

DAY 4

느긋하지만 알차게

편안한 리조트를 충분히 즐기다가 동심을 자극하는 반딧불 투어를 다녀와서 귀국한다.

`10:00` 리조트에서 수영하고 놀기

도보 5분

`12:00` 리조트 레스토랑에서 점심 식사

도보 5분

`16:00` 레이트 체크아웃

차량 1시간 30분

`17:30` 환상적인 반딧불 만나고 저녁 식사 P.170

차량 1시간 10분

`21:00` 코타키나발루 국제공항에서 수속

DAY 5

한국으로 출발

돌아오는 귀국편은 밤 12시경에 출발하는 경우가 대부분이다. 한국 공항에 새벽에 도착하니 이후 일정과 이동 수단을 미리 알아두는 것이 좋다.

`05:30` 한국 공항 도착

레이트 체크아웃 서비스

한국으로 돌아오는 항공편이 매우 늦은 시간에 있으니 호텔이나 리조트의 레이트 체크아웃 서비스를 이용해보자. 얼마나 더 오래 머무느냐에 따라 요금이 달라진다. 레이트 체크아웃을 하면 마음 편히 수영장에서 즐기다가 저녁 무렵 짐을 맡기고 식사를 한 후 공항으로 여유있게 출발할 수 있다.

COURSE ③
온몸으로 즐기는 보르네오섬! 4박 6일 체험 코스

보르네오섬의 독특한 자연환경 속에서 코주부원숭이와 반딧불, 라플레시아를 만나고
다양한 민족들이 어우러진 조화로운 삶을 체험하며 여행에 깊이를 더한다.

DAY 1

코타키나발루로 출발

코타키나발루로 출발하는 항공편은 대체로 오후 늦은 시
간에 있어 도착하면 저녁인 경우가 많다. 바로 숙소로 이
동해 휴식을 취하도록 하자.

17:00 인천국제공항 출발

비행 5시간 20분

21:30 코타키나발루 국제공항 도착 P.197

차량 15분

22:30 시내 숙소 도착, 체크인

탄중아루 해변

DAY 2

코타키나발루의 핵심만 쏙쏙

마리마리 민속촌에서 보르네오섬의 원주민들을 만나고,
블루 모스크와 핑크 모스크를 둘러보며 사진을 남긴 다
음, 저녁에는 선셋을 맞이하러 해변으로 향한다.

09:30 마리마리 민속촌의 문화 체험 P.092

차량 45분

14:30 코타키나발루 시티 모스크 둘러보기 P.084

차량 13분

15:00 UMS 모스크와 UMS 둘러보기 P.085

차량 30분

16:30 올드타운 화이트 커피에서 간식 P.116

차량 20분

18:00 탄중 아루 해변에서 일몰 감상 P.083

도보 5분

19:30 탄중 아루 비치 나이트 마켓 즐기기 P.136

DAY 3

바다를 맘껏 즐기는 하루

해양공원에서 시시각각 변화하는 섬의 표정을 만나러 가보
자. 저녁에는 바닷속으로 풍덩 빠져드는 선셋을 감상한다.

코타키나발루 섬 호핑 투어 P.158

09:00 제셀턴 포인트에서 출발

보트 15분

10:00 사피섬에서 스노클링

도보 1분

12:30 뷔페 점심 식사

보트 10분

13:30 마무틱섬에서 스노클링

보트 10분

16:30 숙소에서 잠시 휴식

차량 10분

18:00 저녁 식사 KK 워터프런트 P.082

도보 3분

19:30 필리피노 마켓에서 간식 쇼핑 P.134

DAY 4

여유롭게 만끽하는 원시 자연

보르네오섬의 장엄한 영산인 키나발루산에서 온천도 하고,
캐노피 워크도 걷고, 식물원도 살피고 돌아온다. 맛있는 저
녁을 먹고 칵테일 한 잔으로 하루를 마무리한다.

키나발루 국립공원 투어 P.166

`07:30` 숙소에서 픽업

차량 1시간 30분

`09:00` 키나발루산 전망대 구경

차량 1시간 10분

`10:30` 포링 온천과 포링 캐노피 워크

도보 10분

`12:30` 맛있는 말레이시아식 점심 식사

차량 5분

`14:00` 라플레시아 농원 방문

차량 1시간

`15:00` 키나발루산 식물원 둘러보기

차량 2시간 20분

`18:00` 저녁 식사 웰컴 시푸드 P.108

차량 5분

`21:00` 마마시타 멕시칸 레스토랑에서 칵테일 한잔 P.111

록 카위 야생공원

마리마리 민속촌

사바 아트 갤러리

DAY 5

여행에 깊이를 더하는 문화 체험

코주부원숭이와 인사하고 사바주의 미술과 유물을 둘러
본 후 환상적인 반딧불 투어를 마치고 한국으로 돌아온다.

`10:00` 록 카위 야생공원 둘러보기 P.090

차량 30분

`12:30` 점심 식사 이마고 쇼핑몰 푸드 코트 P.138

차량 10분

`14:00` 사바 아트 갤러리 관람 P.087

차량 5분

`15:00` 사바 주립 박물관 산책 P.086

차량 1시간 30분

`16:30` 반딧불 투어 즐기기 P.170

차량 1시간 10분

`21:00` 코타키나발루 국제공항에서 수속

DAY 6

한국으로 출발

돌아오는 귀국편은 밤 12시경에 출발하는 경우가 대부분
이다. 한국 공항에 새벽에 도착하니 이후 일정과 이동 수
단을 미리 알아두는 것이 좋다.

`05:30` 한국 공항 도착

COURSE ④
아이들과 함께 신나는 4박 6일 가족 여행 코스

아이들이 즐거워야 어른들의 여행이 더욱 즐거워지는 법. 스노클링을 하며 니모를 만나고, 반딧불을 보며
함께 동심으로 돌아가자. 새로운 음식을 맛보고 신기한 문화를 체험하다 보면 아이들도 어른들도 신이 난다.

DAY 1

코타키나발루로 출발

코타키나발루로 출발하는 항공편은 대체로 오후 늦은 시
간에 있어 도착하면 저녁인 경우가 많다. 바로 숙소로 이
동해 휴식을 취하도록 하자.

`17:00` 인천국제공항 출발

비행 5시간 20분

`21:30` 코타키나발루 국제공항 도착 P.197

차량 15분

`22:30` 시내 숙소 도착, 체크인

DAY 2

마리마리 민속촌과 탄중 아루 해변

오전에는 여행 나온 기분을 내며 민속촌을 돌아보고, 오
후에는 신나는 물놀이를 즐긴다. 저녁에는 해변으로 나가
일몰을 보고 시장 구경도 하고 돌아온다.

`09:30` 마리마리 민속촌의 문화 체험 P.092

차량 45분

`14:00` 리조트에서 수영 즐기기

차량 20분

`18:00` 탄중 아루 해변에서 모래놀이 P.083

도보 5분

`19:30` 저녁 식사 탄중 아루 비치 나이트 마켓 P.136

아이와 여행할 땐 시간을 여유롭게

아이들과 어른들이 함께하는 여행에서는 신나는 놀이 시간과
적절한 휴식 시간을 잘 분배하자. 이동 시간은 최대한 줄이는
편이 좋다. 한국에서 미리 투어 예약을 하면 여럿이 이동할 때
신경 쓸 일이 줄어든다.

DAY 3

신비한 바닷속 체험

시원한 바다에서 니모를 만나는 날이다. 섬 호핑 투어를
마치면 가야 스트리트에서 저녁 식사를 하고, 야시장에서
간식을 사서 돌아오자.

코타키나발루 섬 호핑 투어 P.158

`09:00` 해양공원으로 출발!

보트 15분

`12:00` 섬에서 점심 먹기

보트 15분

`16:00` 숙소에 돌아와 휴식

차량 10분

`18:30` 저녁 식사 웰컴 시푸드 P.108

차량 6분

`20:00` 필리피노 마켓과 야시장 둘러보기 P.134

웰컴 시푸드

DAY 4

물놀이하고 반딧불 만나고!

리조트나 호텔에서 시원하게 물놀이를 하다가 느지막한
오후가 되면 반딧불을 보러 가자. 아름다운 선셋과 인생
샷은 덤이다.

10:00 오전 내내 즐거운 물놀이

도보 5분

13:00 호텔 레스토랑에서 점심 식사

차량 1시간 30분

16:30 반딧불 투어 즐기기 P.170

차량 1시간 10분

21:00 숙소 돌아와 꿀잠

DAY 5

동물 가족을 만나러 가요

코타키나발루에 사는 코주부원숭이 가족을 만나러 가자.
마지막 날까지 수영장을 알차게 이용하고 선셋을 즐기다
한국으로 돌아간다.

10:00 록 카위 야생공원에서 코주부원숭이 만나기 P.090

차량 30분

13:00 점심 식사 유잇 청 P.103

도보 10분

14:00 레이트 체크아웃하고 신나게 물놀이

차량 10분

18:00 저녁 식사 쿠타 비스트로 P.122

차량 15분

21:00 코타키나발루 국제공항에서 수속

DAY 6

한국으로 출발

돌아오는 귀국편은 밤 12시경에 출발하는 경우가 대부분
이다. 한국 공항에 새벽에 도착하니 이후 일정과 이동 수
단을 미리 알아두는 것이 좋다.

05:30 한국 공항 도착

반딧불 투어

코주부원숭이

더 퍼시픽 수트라 호텔

COURSE ⑤
부지런한 여행자를 위한 4박 6일 심화 코스

코타키나발루에서 만날 수 있는 수많은 여행지와 색다른 경험을 하나도 놓치고 싶지 않은 부지런한 여행자들을 위한 코스다.
아침부터 저녁까지 코타키나발루의 구석구석을 꼼꼼하게 돌아보며 신나는 액티비티를 즐겨보자.

DAY 1

코타키나발루로 출발

코타키나발루로 출발하는 항공편은 대체로 오후 늦은 시
간에 있어 도착하면 저녁인 경우가 많다. 바로 숙소로 이
동해 휴식을 취하도록 하자.

`17:00` 인천국제공항 출발

비행 5시간 20분

`21:30` 코타키나발루 국제공항 도착 P.197

차량 15분

`22:30` 시내 숙소 도착, 체크인

DAY 2

알찬 시티 투어

마리마리 민속촌 투어에 이어서 시내의 랜드마크와 코콜힐
을 돌아보는 시티 투어를 신청하면 하루가 알차다.

시티 투어와 코콜힐 선셋 투어 P.174

`09:30` 마리마리 민속촌의 문화 체험 및 점심 식사

차량 45분

`14:00` 블루 모스크 돌아보기

차량 8분

`14:40` 구 사바주 청사에서 사진 찍기

차량 9분

`15:00` 핑크 모스크 구경하기

차량 30분

`17:00` 코콜힐에서 인생샷 남기기

도보 1분

`18:00` 선셋을 바라보며 저녁 식사

차량 45분

`20:00` 엘 센트로에서 칵테일 한 잔 P.111

DAY 3

에메랄드빛 바다에서 액티비티

물빛이 근사한 툰쿠 압둘 라만 해양공원을 방문해 신나는
액티비티를 즐겨보자.

코타키나발루 섬 호핑 투어 P.158

`09:00` 제셀턴 포인트에서 출발

보트 15분

`10:00` 가야섬에서 액티비티 및 점심 식사

보트 15분

`16:30` 숙소에서 잠시 휴식

차량 10분

`18:00` 저녁 식사 KK 워터프런트 P.082

도보 3분

`19:30` 필리피노 마켓에서 간식 쇼핑

코콜힐

가야섬

키울루강 래프팅

생눅마

DAY 4

키나발루 국립 공원의 매력 탐험

낮에는 키나발루 국립공원에서 열대우림의 매력을 탐험하고, 저녁에는 푸짐한 해산물을 먹으며 코타키나발루의 맛에 빠져든다.

키나발루 국립공원 투어 P.166

`07:30` 숙소에서 픽업

차량 1시간 30분

`09:00` 키나발루산 전망대 구경

차량 1시간 10분

`10:30` 포링 온천과 포링 캐노피 워크

도보 3분

`12:30` 맛있는 말레이시아식 점심 식사

차량 5분

`14:00` 라플레시아 농원 방문

차량 약 1시간

`15:00` 키나발루산 식물원 둘러보기

차량 2시간 20분

`18:30` 저녁 식사 쌍천 시푸드 P.109

DAY 5

래프팅 투어와 반딧불 투어

오전에는 키울루강에서 래프팅을 즐기고, 오후에는 베링기스 해변에서 선셋과 반딧불을 감상한 후 집으로 돌아가자.

키울루강 래프팅 투어 P.172

`10:00` 키울루강에서 래프팅 출발

보트 1시간 10분

`11:30` 집라인과 월 클라이밍 후 점심

차량 1시간 30분

`15:00` 점심 식사 케다이 코피 멜라니안 3 P.106

차량 40분

`16:30` 반딧불 투어에서 환상적인 석양과 반딧불 감상 P.170

차량 40분

`21:00` 코타키나발루 국제공항에서 수속

DAY 6

한국으로 출발

한국 공항에 새벽에 도착하니 이후 일정과 이동 수단을 미리 알아두는 것이 좋다.

`05:30` 한국 공항 도착

코타키나발루 여행 준비하기

D-90
여행 스타일 정하기

자유 여행을 갈까, 패키지 여행을 갈까? 코타키나발루는 여러 여행사에서 패키지 상품을 제공하므로 단체 여행을 계획하기에도 좋고, 시내가 그리 크지 않고 그랩이나 도보 여행이 편리해 자유 여행을 하기도 쉽다. 여행 시간표와 호텔이 정해져 있는 전체 패키지 상품이나 골프 투어 상품이 다양한데다 개별 투어, 혹은 원하는 리조트만 예약하고 현지에서 자유롭게 맛집과 쇼핑, 휴양을 즐길 수도 있으니 취향에 따라 여행을 계획하자.

출발 시기는 언제가 좋을까? 코타키나발루 여행을 하기 가장 좋은 시기는 비가 거의 오지 않는 12월부터 4월까지다. 그중에서도 1월부터 3월이 가장 선선하고 맑아 선셋을 감상하기 좋다. 7월과 8월의 여름휴가 시즌에는 오히려 덜 더운 편이고, 4월과 5월이 가장 더우니 그때 간다면 여행 일정을 느슨하게 짜자. 10월과 11월에는 비가 많이 오는 시기로 리조트에서 휴양하는 시간을 늘리는 게 좋다.

여행 기간과 숙박 유형을 정하자 코타키나발루는 워낙 휴양지로 유명하기 때문에 근사한 리조트와 국제적인 호텔 체인이 여럿 있다. 멋진 리조트에서 오래 머물고 싶지만 여행 기간이 길어질수록 숙박 요금이 부담되는 건 어쩔 수 없다. 여행 기간을 정하고 예산에 맞추어 시내의 호텔과 시 외곽의 리조트에서 며칠씩 머물지 고려하자.

D-70
여권 만들기

어디에서 만들까? 서울에서는 외교부를 포함한 대부분의 구청에서 만들 수 있으며, 광역시를 포함한 지방에서는 도청이나 시청의 여권과에서 만들 수 있다. 외교부 여권 안내 홈페이지(passport.go.kr)에서 자세한 안내를 받을 수 있다.

어떻게 만들까? 전자 여권은 타인이나 여행사의 발급 대행이 불가능하다. 본인이 신분증을 지참하고 직접 신청해야 한다. 만 18세 미만 미성년자의 경우에는 대리 신청이 가능하며, 대리 신청을 할 때는 가족관계증명서를 지참해야 접수할 수 있다.

어떤 준비물이 필요할까?

- 여권 발급 신청서(기관에 비치)
- 여권용 사진 1매
- 신분증(주민등록증이나 운전면허증)
- 미성년자 여권 발급 시 부모 신분증과 가족관계증명서
- 발급 수수료· 재발급 시 기존 여권(만료일이 남아 있는 경우)

여권의 유효 기간을 확인하자 여권이 있을 경우 유효 기간이 얼마나 남았는지 꼭 확인하자. 코타키나발루에서는 여권의 유효 기간이 6개월 미만일 경우 입국을 허용하지 않는다. 코타키나발루는 1회용 여권인 단수 여권으로 입국이 불가능하며, 여권 유효 기간이 6개월 이상 남지 않았다면 다시 발급받아야 한다.

D-60
항공권 구매하기

여행 날짜와 기간을 정했다면 항공권을 구입하자. 항공권은 일찍 구입할수록 저렴하고 선택의 폭이 넓다. 코로나19 이후 코타키나발루행 항공편이 많이 줄었으나 노선이 빠르게 늘어나는 중이다. 보통 오후 늦게 출발해 밤늦은 시간에 도착한다.

한국에서 코타키나발루로 가려면?

한국에서 코타키나발루로 가려면 비행기로 약 5시간 20분이 걸린다.
- **인천 출발** 대한항공, 제주항공, 티웨이항공, 진에어 등이 직항 노선 운항
- **부산 출발** 에어부산에서 직항 노선 운항

항공권을 구입하려면?

항공사 홈페이지 먼저 항공사 홈페이지에서 항공권 가격을 확인하자. 항공사에서 이벤트나 프로모션을 하는 기간에는 평소보다 저렴하게 항공권을 구매할 수 있고, 마일리지를 쌓을 수 있다. 코타키나발루까지의 운임은 보통 30만~40만 원이며 여기에 세금과 유류할증료가 더해진다. 프로모션 기간에 서두르면 10만 원대의 항공권을 구입할 수 있다.

- 🏠 대한항공 koreanair.com
- 🏠 제주항공 jejuair.net
- 🏠 진에어 jinair.com
- 🏠 티웨이항공 twayair.com
- 🏠 에어부산 airbusan.com

항공권 가격 비교 사이트 항공권을 조금이라도 더 저렴하게 구입하기 위해 항공사 홈페이지를 일일이 찾아다닐 수도 있지만, 여러 항공사의 운항 시간과 항공권 가격을 비교해보려면 항공권 가격 비교 사이트가 유용하다.

- 🏠 네이버 항공권 flight.naver.com
- 🏠 스카이스캐너 skyscanner.co.kr
- 🏠 인터파크투어 항공 sky.interpark.com

항공권 구매 시 유의할 점

인기 여행지의 경우 출발일이 임박하면 항공권 가격이 오르고, 비인기 여행지나 비성수기에는 출발일이 임박해서 항공권 가격이 낮아진다. 여행사에서 판매하는 땡처리 항공권이나 가격이 저렴한 이벤트 항공권은 취소나 환불이 불가능한 경우가 많고, 일정을 변경할 때 내야 하는 수수료가 무척 높으니 할인 항공권을 구매할 때는 일정이 변경될 가능성을 꼼꼼하게 따져봐야 한다. 항공권의 가격을 비교할 때는 택스와 유류할증료뿐만 아니라 수화물 무게에 따른 요금, 좌석 지정 요금, 식사 포함 여부 등을 모두 합쳐 고려하자.

D-40
숙소 예약하기

코타키나발루는 휴양지이긴 하지만 시내가 넓지 않아 리조트나 호텔의 수가 그리 많지 않다. 여행 기간과 원하는 여행 스타일을 고려해 머물고 싶은 숙소를 결정한 다음 최대한 빨리 예약하자. 빨리 예약할수록 가격이 저렴하고 선택의 폭이 넓어진다. 리조트에 머물지, 호텔에 머물지, 에어비앤비에 머물지, 게스트하우스에 머물지 취향에 맞게 숙소를 고르는 팁은 다음을 참고하자. **코타키나발루 숙소 P.198**

D-30
여행 일정 &
예산 짜기

한국인이라면 관광이 목적인 경우에 한해 코타키나발루에서 90일간 무비자로 여행할 수 있다. 한 달 살기를 계획해도 비자가 필요 없어 편리하다. 코타키나발루에는 가격이 높은 특급 리조트도 있지만 가성비 좋은 호텔도 많으니 숙박비에 드는 예산을 잘 배정하자. 가야 스트리트에서 현지식으로 식사를 한다면 식비가 꽤 저렴하다는 생각이 들겠지만, 근사한 루프톱 바나 분위기 좋은 식당, 시푸드 레스토랑을 여러 군데 찾아가면 식비 예산이 늘어난다. 한국에서 편안하게 투어를 예약하는 비용과 현지에서 발품을 팔아 투어를 예약하는 비용도 차이가 크다. 자신의 취향과 목적에 따라 예산을 적절하게 분배한다. 여행에 도움이 되는 웹사이트를 소개하니 참고하자.

🏠 말레이시아 관광청 facebook.com/malaysia.travel.kr
🏠 하이 말레이시아 cafe.naver.com/multiroader
🏠 포유 말레이시아 카페 cafe.naver.com/speedplanner
🏠 코타키나발루 올리비아 하우스 cafe.naver.com/kkolivahouse

말레이시아 관광청 홈페이지

D-20
트래블월렛
신청하기

해외여행 중에 사용하는 신용 카드는 해외 사용 수수료를 내야 하지만 트래블월렛 카드는 자신의 은행 계좌를 등록해 원화를 링깃으로 충전한 후 신용 카드처럼 사용할 수 있다. 충전해 쓰다가 링깃이 남으면 다시 원화로 바꾸어 은행 계좌에 넣을 수 있어 편리하다. 트래블월렛 실물 카드가 있으면 코타키나발루의 ATM에서 링깃을 출금할 수 있고, 편의점, 호텔, 레스토랑 등 신용 카드로 계산이 가능한 모든 곳에서 사용할 수 있다. 온라인에서 카드를 신청하면 배송 기간이 보통 4~5일, 넉넉하게 1주일 정도 걸리므로 출발 전에 미리 신청하자. 그랩 앱을 설치하고 미리 트래블월렛 카드를 등록하면 현금이 없어도 그랩을 이용할 수 있다.

🏠 트래블월렛 travel-wallet.com

Ⓦ travel **Wallet**

D-10
여행자 보험 가입하기

여행자 보험, 꼭 들어야 할까?

보통 여행자들이 여행자 보험에 가입하는 이유는 해외여행 중에 몸이 아파 병원에 갈 때를 대비해 의료비를 보장하는 용도다. 하지만 현지에서 병원에 갈 정도가 아니라 한국에 돌아와서 치료를 받는 경우에 이미 실손 보험이 있는 사람이라면 굳이 여행자 보험이 필요 없다. 다만 여행자 보험의 여러 옵션 중에는 휴대폰이나 카메라 같은 휴대품 분실이나 항공기 및 수화물 지연에 대한 보상 등 여행자에게만 필요한 보상이 있기 때문에 가입하는 편이 좋다.

보상 내역을 확인하자

1억 원 보상이라고 강조하는 상품도 알고 보면 사망 시 보상금이 1억 원이고 도난이나 상해 보상금은 그보다 적다. 노트북이나 카메라를 들고 갈 때 분실이나 고장을 우려해 여행자 보험에 가입하는 경우 분실 보상 200만 원의 보험 상품도 물품 1개당 20만 원씩 총 10개 물품을 보장하는 식이다. 그러니 비싼 보험 대신 자신에게 맞는 조건의 보험에 가입하자.

중요한 건 증빙 서류!

보험에 들었으면 보험 증서나 보험사의 비상 연락처를 잘 챙겨두자. 도난을 당하면 현지 경찰서에서 도난 신고서를 챙겨야 하고, 사고로 다치면 현지 병원에서 진단서나 증명서를 챙겨야 한다. 치료비 영수증까지 꼼꼼하게 잘 챙겨 돌아오자. 증빙 서류가 있어야 한국에 돌아와 보상을 받을 수 있다.

여행자 보험 가입, 어떻게 할까?

온라인에서 가입

온라인에서 인적 사항을 입력하면 간편하게 여행자 보험을 들 수 있다. 나이에 따라, 여행 기간에 따라 금액이 달라지는데, 기본적인 보장의 경우 5000~1만 5000원 정도면 가입이 가능하다.

- 🏠 여행친구 TIP trippartners.co.kr
- 🏠 마이뱅크 mitravels.mibankins.com
- 🏠 어시스트카드 assistcard.co.kr
- 🏠 카카오페이 여행자보험 kakaopayinscorp.co.kr

보험 설계사에게 직접 가입

거래 중인 재무 설계사나 보험 설계사가 있다면 여행자 보험에 대해 문의하자. 공항에서 가입하는 것보다 훨씬 저렴한 가격으로 가입할 수 있다. 대부분의 실손 보험사에서 여행자 보험을 취급한다.

공항에서 가입

공항에서 여행자 보험에 가입하는 건 최후의 수단. 공항 지점에서는 보장 내역 대비 가입 비용이 꽤 높기 때문이다. 대부분의 보험사에서 3가지 정도의 옵션을 제시하는데 그중 저렴한 보험으로 선택해도 괜찮다.

D-3
완벽하게
짐 싸기

- **기본 준비물** 여권, 항공권 바우처, 호텔 예약 바우처, 〈리얼 코타키나발루〉 가이드북. 여권 사본과 여권 사진도 별도로 챙기자. 스마트폰에 여권을 사진 찍어두는 것도 좋은 생각.

- **갈아입을 옷** 날이 무덥고 비가 쏟아지곤 하니 옷을 넉넉하게 가져가자. 쇼핑몰은 에어컨이 잘 나오니 카디건을 준비해 가방에 넣고 다녀도 좋겠다. 반딧불 투어를 할 때는 모기가 많으니 긴바지를 챙긴다.

- **수영복** 수영장에서 인생샷을 남길 생각이라면 예쁜 수영복을 준비한다.

- **긴팔 래시가드와 긴바지 레깅스** 섬 투어를 하며 바다에서 물놀이나 스노클링을 하려면 긴팔, 긴바지 혹은 레깅스를 꼭 가져가자. 자외선 차단은 물론이고 갑작스레 해파리가 나타나더라도 안전하다.

- **신발** 시원한 샌들이나 슬리퍼만 신어도 시내를 여행하는 데는 전혀 무리가 없지만 키나발루산 투어나 민속촌 투어를 할 때는 운동화가 편하다. 해양공원 투어나 키울루강 래프팅 투어를 한다면 아쿠아 슈즈나 스포츠 샌들을 준비하자.

- **선크림과 모자, 선글라스** 선글라스와 선크림은 한국에서 취향에 따라 준비하자. 쇼핑몰이나 제셀턴 포인트에서 챙이 넓은 모자를 판매한다.

- **샴푸, 린스, 칫솔 등** 좋은 호텔이나 리조트에 묵는다면 특별히 신경 쓰지 않아도 된다. 하지만 가성비 호텔이나 게스트하우스, 에어비앤비를 이용할 예정이라면 질 좋은 어메니티를 챙기는 편이 좋다.

- **우산과 우비** 우기에는 우산을 꼭 준비하자. 우기에 여행하더라도 비가 그치면 햇볕이 뜨거우므로 양산과 우산 겸용이면 더 좋다.

- **방수 팩** 섬 투어나 래프팅 투어를 계획한다면 사진을 찍을 수 있도록 휴대폰이나 카메라의 방수 팩을 챙기자.

- **비상약** 기본적으로 먹고 있는 약을 챙긴다. 코로나19를 대비해 자가 진단 키트나 해열제를 넉넉히 준비하고 종합 감기약, 소화제, 반창고, 흉터 연고를 챙기면 좋다. 아이와 함께 여행한다면 아이용 비상약과 휴대용 체온계도 따로 챙기자. 마스크도 넉넉히 넣는다.

- **모기 퇴치제** 벌레나 모기 물린 데 바르는 약과 모기 퇴치용 스프레이를 준비하자. 반딧불 투어의 필수품이다.

- **카메라** 카메라를 가져간다면 마지막 순간까지 카메라 안에 배터리와 메모리 카드가 들었는지 꼭 확인하자. 보조 배터리는 화물로 부칠 수 없으니 꼭 기내용 가방에 넣는다.

- **충전기와 멀티탭, 멀티어댑터** 일행이 여럿일 땐 멀티탭을 들고 가면 편리하다. 웬만한 호텔에 머물면 3구용 멀티어댑터를 사용할 일이 없지만 에어비앤비나 게스트하우스에서는 필요할 수 있으니 챙기자.

- **나무젓가락** 해외여행을 할 때 컵라면을 먹고 싶다면 한국에서 나무젓가락 몇 개를 가방에 넣어 가자. 의외로 요긴하다.

D-2
필요한 앱 설치하기

구글 지도

해외여행을 할 때 가장 요긴하게 쓰이는 지도 앱이다. 웬만한 장소는 모두 한글로 표기되어 있으며 가는 경로와 대략적인 교통 요금을 알 수 있어 편리하다. 쇼핑몰이나 식당의 경우 메뉴와 리뷰를 미리 찾아보고 분위기를 파악하기 좋다. 위성 지도를 이용할 수 있으며 GPS 좌표로도 궁금한 스폿을 검색할 수 있다.

트래블월렛

온라인에서 트래블월렛 카드를 신청하면 보내주는 실물 카드를 현지에서 체크 카드처럼 사용할 수 있다. 트래블월렛 앱을 깔면 모바일 신용 카드로도 사용할 수 있고, 실물 카드에 링깃을 충전할 수도 있다. 그랩에 트래블월렛을 등록하면 현금이 없어도 그랩을 이용할 수 있다.

그랩

그랩은 동남아시아 최대의 차량 공유업체로 앱을 사용해 택시를 부를 수 있다. 출발지와 도착지만 지정하면 언어가 통하지 않아도 문제없고, 가격을 흥정하지 않아도 되며, 운전기사의 위치와 정보가 나와 안심하고 탈 수 있다. 카드를 등록하면 이용 후 자동 정산되며, 카드를 등록하지 않고 이용했다면 내릴 때 현금으로 지불한다.

스마트패스

SMART PASS

인천국제공항에서 탑승 수속을 간편하게 해주는 앱이다. 여권이나 탑승권 없이 미리 등록한 안면 인식 정보로 출국장과 탑승구를 통과할 수 있다. 2023년 7월부터 인천국제공항에 서비스가 도입되었고 점차 스마트패스를 도입하는 공항이 늘어나는 중이다. 앱 스토어에서 '인천국제공항 스마트패스'를 검색하고 여권 정보와 항공권 정보 등을 등록하면 출국장에서 탑승구까지 얼굴 인식만으로 간편하고 빠르게 패스할 수 있다.

파파고

현지의 언어를 읽고 듣고 말할 수 있는 유용한 번역 앱이다. 코타키나발루에서는 말레이어와 영어를 모두 사용하지만 호텔리어나 투어 가이드처럼 여행업에 종사하는 사람들이 아니라면 대부분 말레이어를 사용한다. 말레이어로 쓰인 안내문이나 메뉴판을 읽을 때 파파고를 이용하면 대략의 내용을 파악하기 편리하다.

D-DAY
인천국제공항
출국

① **출국할 공항을 확인하자** 인천국제공항이 제1여객터미널과 제2여객터미널로 분리되었다. 제1여객터미널은 아시아나항공과 저비용 항공사, 기타 외국 항공사가 이용하고, 제2여객터미널은 대한항공, 진에어가 이용한다. 출발 전에 자신의 항공사가 출발하는 여객터미널을 꼭 확인하자. 혹시 잘못 도착했다면 공항철도나 공항 셔틀버스를 타고 터미널 간 이동이 가능하며 15~30분 정도 걸린다.

② **3시간 전에 도착하자** 인천국제공항까지는 공항철도를 타고, 부산의 김해국제공항까지는 도심 경전철을 타고 막힘없이 이동할 수 있다. 국제선을 타려면 보통 3시간 전에 도착해야 한다. 성수기나 주말, 연휴가 겹친다면 4시간 전에는 도착해야 안심이다. 서울역과 삼성동의 도심공항터미널을 이용하면 붐비지 않게 탑승 수속을 하고 공항으로 바로 이동할 수 있다.

③ **탑승 수속과 수화물 부치기** 공항에 도착하면 항공사의 카운터를 찾아가서 탑승 수속을 하자. 공항 내의 모니터에 비행기의 편명과 수속 카운터의 번호가 나와 있다. 보통 비행기 출발 시각 3시간 전부터 카운터를 연다. 카운터에 여권을 제시하고 수화물을 건네면 비행기 탑승권과 수화물 보관증을 준다.

> ### 셀프 체크인 & 셀프 백드롭
> - 최근 셀프 체크인 기계를 도입해 무인 시스템으로 탑승 수속을 하는 경우가 많아졌다. 여권을 기계에 올리면 자동으로 인식해 항공권을 발급해준다.
> - 티켓 발권뿐만 아니라 수화물도 무인 시스템으로 처리하는 경우가 많아졌다. 사람이 처리할 때는 무게가 약간 넘어도 봐주기도 하지만 기계가 무게를 재면 허용치에서 0.5kg만 넘어가도 추가 비용을 결제해야 한다. 그러니 자신의 수화물이 허용된 무게를 넘지 않도록 짐의 무게를 다시 체크하자.

④ **보안 검색 및 출국 심사** 발권을 끝내고 짐을 부치면 홀가분하게 남은 볼일을 마치자. 포켓 와이파이, 유심 칩을 수령하거나 로밍을 신청하고 여행자 보험에 가입했다면 탑승권과 여권을 챙겨 출국장으로 나선다. 기내 반입 물품을 검사하고 보안 심사를 받은 후 면세점과 탑승구로 이동한다.

> ### 보안 검색대 빠르게 통과하기
> - 액체류의 화장품이나 의약품 등은 100ml 이하의 용기에 담은 후 투명한 지퍼백에 넣으면 총 1리터까지 반입이 가능하다.
> - 자주 걸리는 물품은 치약! 일반적인 치약의 사이즈는 100ml가 넘어가니 확인하고 챙기자.
> - 연필이나 펜을 가득 담은 필통이 있으면 뾰족한 물품이나 칼을 골라내기 위해 대부분 열어보게 한다. 그림을 그리러 가는 여행이 아니라면 필기구는 한두 자루만 넣어 가자.
> - 노트북이나 태블릿은 플라스틱 바구니에 따로 담아 검색대를 통과해야 한다. 미리 노트북을 빼놓거나 에코백에 노트북만 담아 들고 들어가자.
> - 스마트폰, 보조 배터리, 카메라 배터리, 전자 담배 등 배터리 종류는 수화물로 부칠 수 없으며 무조건 기내에 들고 타야 한다.
> - 소형 휴대용 라이터는 1인 1개로 제한한다.

⑤ **탑승 게이트에서 비행기 타기** 면세품 쇼핑이나 면세품 인도를 마치고 탑승 게이트를 찾아가자. 저비용 항공사를 이용하면 셔틀 트레인을 타고 탑승동으로 이동하는 경우가 많으니 부지런히 움직이자. 탑승동에도 면세점과 푸드 코트, 카페가 있다. 출발 시각 30분 전에 탑승이 마감되니 그전에 탑승구 앞에 도착하자.

담배, 주류 구입 시 주의 사항

코로나19 이후 말레이시아 입국 시 담배와 주류 반입 기준이 깐깐해졌다. 주류는 1인 1리터까지 면세되고, 담배는 면세 금지 품목이다. 코타키나발루 국제공항에서 X-레이로 검사를 다시 하는데, 면세점에서 보루로 산 담배가 적발되면 그 자리에서 세금을 내야 통과할 수 있다.

① **입국 심사 받기** 한국인은 코타키나발루로 입국할 때 입국 신고서를 작성할 필요가 없다. 여권만 제시하면 입국 심사를 받을 수 있다.

② **수화물 찾기** 입국 심사를 마치면 수화물을 찾는다. 수화물을 찾아 밖으로 나오기 전에 다시 한번 의무적으로 짐을 검사받는다. 말레이시아는 주류와 담배 반입이 까다롭다. 주류는 1리터까지 허용되고, 담배는 면세 금지 품목이다. 수화물 검사를 하면서 허용치를 넘는 술이나 면세점에서 보루로 산 담배가 적발되면 그 자리에서 세금을 내야 통과할 수 있다. 짐 검사가 매우 깐깐하며 점점 강화되고 있으니 규정을 어기지 않도록 조심하자.

③ **유심 사기** 수화물을 찾아 입국장으로 나오면 픽업하러 나온 기사들이 팻말을 들고 기다린다. 왼쪽으로 돌아가면 유심을 파는 가게가 3곳 정도 영업한다. 7일간 15GB의 데이터와 50분의 음성 통화를 제공하는 유심이 30링깃 정도다.

④ **환전소나 ATM 이용하기** 유심 판매소를 지나 왼쪽으로 환전소가 있다. 세계 어느 곳이든 공항의 환전소는 시내보다 수수료가 비싸다. 그러니 여행 일정이 길거나 시내에서 환전할 시간이 있다면, 공항에서는 시내로 들어오는 교통비와 하루 여비 정도만 환전하자. 트래블월렛을 이용해 출금하려면 왼쪽 끝의 KFC 앞에 있는 ATM 기계를 이용하면 된다.

⑤ **공항 편의점에서 장보기** 숙소에 도착해 주전부리를 먹고 싶거나 샹그릴라 라사 리아나 넥서스 리조트 앤 스파 카람부나이처럼 거리가 먼 리조트까지 이동한다면 이곳에서 간단한 간식과 맥주를 구입한다. 시내보다 가격이 높은 편이지만 밤늦게 여는 마트가 드물고, 리조트에 입실한 다음 시내에 나오기 어려운 경우 이용하자.

⑥ **숙소로 이동하기** 숙소나 투어 회사에 차량 픽업 신청을 하지 않은 사람들은 공항에서 택시나 그랩을 부른다. 코타키나발루 국제공항에서 시내 중심까지는 약 8km, 차량으로 15분이면 이동이 가능하다.

• 공항 택시는 택시 티켓 판매 부스에서 행선지를 말하고 거리에 따른 요금을 계산한 후 택시 승강장에 가서 탄다. KFC 앞에서 밖으로 나가면 바로 택시 승강장이므로 티켓을 제시하고 타면 된다.

• 그랩은 택시 승강장에서 건물을 따라 100m 정도 앞으로 걸어 나가서 탑승한다. 택시 요금은 시내까지 약 30링깃, 그랩 요금은 시내까지 약 10링깃이다.

수화물 찾기

편의점 장보기

유심 사기

택시 티켓 판매 부스

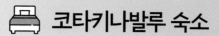

코타키나발루 숙소

세계적인 휴양지로 손꼽히는 코타키나발루에는 럭셔리한 5성급 리조트에서부터
고급스러운 서비스를 제공하는 유명 호텔 체인들, 가성비 좋게 머물 수 있는 호텔들, 수영장을 갖춘
에어비앤비, 한식 아침식사를 제공하는 한인 게스트하우스까지 다양한 숙소가 있다.
취향에 따라, 예산에 따라, 함께 가는 사람에 따라 취향껏 골라서 예약해보자.

코타키나발루만의 특별한 숙박 문화가 있다?
코타키나발루 숙소 Q&A

가슴 설레며 코타키나발루에 도착했는데 갑자기 호텔에서
예상치 못한 관광세를 내라고 한다거나, 디포짓을 추가로 요구하면 당황하기 마련.
코타키나발루만의 독특한 숙박 문화를 차근차근 꼼꼼하게 확인해보자.

Q 숙박비와 별도의 관광세가 있다?

A 코타키나발루에서는 호텔에 머물 때 숙박비와 별도로 관광세를 따로 받는다. 호텔을 예약할 때 관광세를 포함한 숙박비를 미리 받는 호텔도 있지만 대부분 호텔은 세금을 따로 받으니 첫날 체크인할 때 당황하지 말자. 1룸에 1박당 10링깃으로 보통 체크인할 때 지불한다. 코타키나발루 국제공항에 내려 환전한다면 다음 날의 투어비나 식비 외에 관광세도 염두에 두고 환전하는 편이 좋겠다.

Q 호텔에서 디포짓을 요구한다?

A 코타키나발루의 호텔들은 디포짓을 요구하는 경우가 많다. 디포짓은 호텔 숙박 일수와 숙박비에 비례해 정해진다. 시내의 호텔들은 보통 1박에 100링깃 정도 책정하는데 고급 호텔이나 리조트에 머물면 금액이 더욱 높아진다. 현금으로 지불하면 체크아웃할 때 바로 현금으로 돌려받지만 카드로 지불하면 취소 시간이 걸리니 염두에 두자. 고급 호텔에서 디포짓을 현금으로 내려면 환전을 더욱 넉넉하게 하는 편이 좋다.

Q 코타키나발루 에어비앤비, 괜찮을까?

A 코타키나발루의 괜찮은 에어비앤비는 주로 대형 레지던스 건물에 있어 수영장이나 헬스장 등 부대시설을 이용할 수 있고, 대형 평수여서 가족이나 친구들, 소그룹이 여행할 때 머물기 좋다. 하지만 시내 호텔에 비해 그닥 저렴하지 않고, 한국에서 출발하는 비행기가 밤에 도착하는 경우 호스트와 소통이 원활하지 않을 수 있으며, 호텔처럼 매일 수건을 갈아주거나 구석구석 청소해주지 않아 청결이나 위생에 민감한 사람에게는 맞지 않을 수 있다. 에어비앤비의 장점을 살려 머물고 싶다면 호스트의 성향을 잘 살피고, 리뷰를 꼼꼼하게 읽은 다음 예약하도록 하자.

Q 일몰의 명소니까 이왕이면 오션 뷰?

A 상큼한 아침 바다와 붉은 태양이 저무는 저녁 바다의 변화무쌍한 표정을 만끽하고, 혹여 비가 오더라도 포근한 방안에서 비구름 사이로 번지는 보랏빛 선셋을 만나려면 오션 뷰에 드는 약간의 비용을 감수해야 한다. 초록이 우거진 가든 뷰나 정글 뷰를 좋아하는 여행자라면 별문제가 없지만 오션 뷰를 선호하는 여행자라면 호텔을 예약할 때 시티 뷰와 오션 뷰의 가격 차이를 두고 고민하기 마련이다. 저녁마다 근사한 선셋 명소를 찾아가는 재미를 누릴지, 방안에서 편안한 소파에 기대앉아 석양을 즐길지, 머무는 호텔의 루프톱에 올라가 선셋을 즐길지 취향에 따라 선택하자. 우기가 아니라면 오션 뷰의 만족도가 높다는 데 한 표.

Q 한인 게스트하우스는 어떨까?

A 코타키나발루의 한인 게스트하우스를 이용하면 무료로 공항 픽업을 해주고, 방이 넓고 깔끔하며, 한국어로 집주인과 소통할 수 있고, 푸짐한 한식 상차림을 아침마다 맛볼 수 있다. 코타키나발루에 대해 궁금한 점을 묻거나 투어를 고를 때에도 한국어로 소통하니 편안하다. 다만 게스트하우스의 특성상 다른 여행자들과 부엌과 거실을 공유해야 하고, 시내에서 약간 떨어진 위치여서 외출할 때 그랩을 불러야 하며, 콘센트의 위치나 화장실 비품 등이 호텔처럼 완전히 갖춰져 있지 않다는 사실을 고려해서 예약하자.

코타키나발루
시내 숙소

N

0   250m

샹그릴라 탄중 아루 📍

탄중 아루 해변 ●

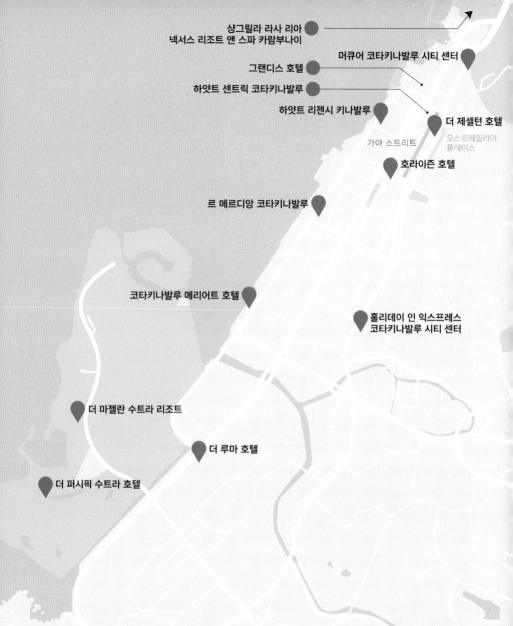

샹그릴라 라사 리아
넥서스 리조트 앤 스파 카람부나이

머큐어 코타키나발루 시티 센터

그랜디스 호텔

하얏트 센트릭 코타키나발루

하얏트 리젠시 키나발루

더 제셀턴 호텔

오스트레일리아
플레이스

가야 스트리트

호라이즌 호텔

르 메르디앙 코타키나발루

코타키나발루 메리어트 호텔

홀리데이 인 익스프레스
코타키나발루 시티 센터

더 마젤란 수트라 리조트

더 루마 호텔

더 퍼시픽 수트라 호텔

루 국제공항

매 순간이 소중하고 만족스러운 휴양

샹그릴라 라사 리아 Shangri-La Rasa Ria

코타키나발루의 전통 음악이 흐르는 로비로 들어서면 오른쪽이
가든 윙, 왼쪽이 오션 윙이다. 우아하고 자연스러운 톤으로 마감
한 가든 윙은 푸릇푸릇한 정원을 마주하고 있는데 일부 객실에
서는 멀리 바다가 보인다. 모든 객실이 스위트룸인 오션 윙은 침
대가 널찍하고, 커다란 옷장이 있으며, 편안한 소파와 식사를 할
수 있는 테이블을 따로 두어 공간이 넉넉하고 여유 있다. 말린 망
고, 고소한 견과류, 냉장고의 모든 음료를 컴플리멘터리로 제공
한다. 드넓은 발코니에는 여럿이 머물러도 충분한 자쿠지와 소파
가 마련되어 바다를 내려다보며 뒹굴뒹굴하기 딱 좋다. 가든 윙
앞의 자연해설센터에서는 열대우림에 사는 신비로운 야생동물
들을 만나고 보르네오섬의 장엄한 일출을 맞이하는 일출 투어를
진행한다. 아침에는 아라카르트a la carte 메뉴에 샴페인 칵테일
을 곁들이고, 저녁에는 해산물 뷔페에서 가리비와 새우를 푸짐
하게 맛본다. 수영장에서 진행하는 SUP 요가를 경험하거나 승마
와 ATV에 도전하고, 더 스파 P.230에서 힐링하거나 원숭이가 반
겨주는 달릿베이 골프 앤 컨트리 클럽 P.041에서 짜릿한 플레이
를 즐기다 보면 샹그릴라 라사 리아에서의 황홀한 시간이 너무나
짧게 느껴진다.

👍 세심한 서비스, 오션 윙 발코니, 일출 투어나 승마, SUP 요가 등의
특별한 프로그램, 최고급 시설의 달릿베이 골프 앤 컨트리 클럽 P.041
🏧 30만 원대~ 🛫 공항에서 차량 50분 📍 Pantai Dalit Beach, Tuaran,
Kota Kinabalu 📞 +6088797888 🏠 shangri-la.com

마음이 편안해지는 힐링 리조트

넥서스 리조트 앤 스파 카람부나이

Nexus Resort & Spa Karambunai

초록이 우거진 골프장을 가로질러 리조트로 향하는 길이 싱그럽다. 객실은 크게 가든 뷰의 낮은 빌라 동과 오션 뷰의 5층짜리 오션 윙으로 나뉜다. 리조트의 정원을 내 집 마당처럼 누릴 수 있는 빌라 동의 객실은 클래식하고 단정한 기품이 느껴진다. 리노베이션을 모두 마친 오션 윙의 객실은 5성급 리조트답게 필요한 모든 것이 제자리에 놓여 깔끔하고 편안하다. 포근한 소파와 단정한 책상을 두었는데도 객실이 넓어 여유롭게 머물 수 있다. 널찍한 발코니에서는 리조트에서 정성껏 가꾼 꽃과 나무, 연못 너머로 푸른 바다의 수평선까지 내려다보인다. 어떤 객실에 묵어도 자연 속에 들어온 듯 마음이 편안해진다. 리조트에서 선베드까지의 거리가 멀지 않아 바다에서 물놀이를 즐기기에 더할 나위 없는 해변으로 ATV나 카약 같은 다양한 액티비티도 가능하다. 아이들을 동반한 가족 여행이라면 크고 넓은 수영장의 구석구석을 탐험하며 신나는 하루를 보내도 좋고, 어른들끼리의 골프 여행이라면 카람부나이 리조트 골프 클럽 P.040에서 관리가 잘된 페어웨이를 누비다가 보르네오 스파 P.228에서 피로를 풀어도 좋겠다. 선셋 바에서 은은한 노을빛에 물든 하루를 마무리하면 그야말로 꿀맛 같은 휴가!

👍 리노베이션을 마친 깔끔한 객실, 훌륭한 가든 뷰, 잔디가 좋은 카람부나이 리조트 골프 클럽 P.040 🏨 10만 원대~ 🏃 공항에서 차량 50분 📍 Jln Karambunai, Karambunai, Kota Kinabalu 📞 +6088480888 🏠 nexusresort.com/kr nexusresort.com/kr

럭셔리 리조트에서 즐기는 여유로운 호캉스

샹그릴라 탄중 아루
Shangri-La Tanjung Aru

널찍한 로비로 들어서면 오른쪽이 키나발루 윙, 왼쪽이 탄중 윙이다. 객실 타입도 다양하고, 객실에서 보이는 뷰도 다양하니 예약할 때 옵션을 잘 살펴보자. 키나발루 윙과 탄중 윙 사이에 바다를 바라보는 인피니티 풀과 워터 파크처럼 꾸며진 어린이 수영장이 있어 하루 종일 아이들의 깔깔대는 웃음소리가 울려 퍼진다. 파도가 살포시 밀려오는 해변의 선베드에 누우면 툰구 압둘 라만 해양공원의 섬들을 마주 볼 수 있다. 해변의 한쪽으로는 프라이빗하고 아늑하게 마사지를 받을 수 있는 치 스파P.227가 있고, 한쪽으로는 저녁마다 아름다운 일몰을 보기 위해 줄을 서는 선셋 바P.120가 있다. 키나발루 윙의 앞쪽으로는 스타 마리나가 있어 리조트 밖으로 나가지 않고도 샹그릴라의 수준 높은 서비스를 받으며 원하는 섬으로 투어를 떠날 수 있다. 키즈 클럽에서는 물고기 먹이 주기, 블록 놀이, 젠가 게임, 비눗방울 놀이, 어린이만 참여할 수 있는 슈퍼히어로 파티 등 매일 색다른 액티비티를 골라 시간대별로 즐길 수 있어 아이를 동반한 가족 여행자들에게 신선한 재미를 준다. 불고기와 김치, 잡채 등 한국 음식 코너가 따로 배치된 조식 뷔페도 만족스럽다.

👍 인피니티 풀과 인공 해변, 아늑한 치 스파 P.227, 핫한 선셋 바 P.120, 시내에 자리해 주요 관광지와 가까운 거리 🏧 20만 원대~ 🏃 공항에서 차량 12분, 탄중 아루 해변에서 도보 10분, 가야 스트리트에서 차량 15분 📍 No. 20, Jalan Aru, Tanjung Aru, Kota Kinabalu 📞 +6088327888 🏠 shangri-la.com/kotakinabalu/tanjungaruresort

가족 휴양지로 손꼽히는 럭셔리 리조트
더 마젤란 수트라 리조트
The Magellan Sutera Resort

27홀의 챔피언십 골프 코스 P.039와 근사한 요트가 정박
한 아름다운 마리나, 개성 있는 테마를 가진 5개 수영장,
파도를 타며 스노클링을 즐기는 작은 인공 해변, 세계적
으로 이름난 만다라 스파 P.229, 원하는 분위기와 메뉴를
고를 수 있는 15개의 레스토랑과 바를 비롯해 영화관, 볼
링장, 탁구장, 테니스장을 갖추어 코타키나발루 최대 규
모를 자랑하는 매력적인 리조트다. 가든 뷰와 시 뷰로 나
뉜 디럭스 객실은 널찍한 욕실과 개별 발코니를 갖추어
눈부신 아침 햇살과 하늘을 붉게 물들이는 저녁노을을
바라보며 여유를 부리기 좋다. 가족끼리 머물기 좋은 스
위트룸에서는 야자수가 늘어진 싱그러운 조경과 요트가
들고 나는 마리나의 이국적인 풍경을 볼 수 있어 여행하
는 기분이 물씬 난다. 선선한 바닷바람이 불어오는 알 프
레스코 P.113에서 혹은 근사한 파인 다이닝 레스토랑인 페
르디난드 P.112에서 향긋한 와인과 함께 맞이하는 석양이
가슴 벅차다. 아이들과 함께 5개 수영장을 넘나들며 에어
바운스와 미끄럼틀을 즐기거나 마리나에서 원하는 섬을
골라 투어를 다녀오고, 키즈 클럽인 리틀 마젤란에서 게
임을 즐기며 행복한 추억을 만들어보자.

👍 한국인만을 위한 골드 카드 서비스 P.211, 27홀을 갖춘
챔피언십 골프 코스 P.039, 아이들이 좋아하는 5개 수영장,
해양공원 투어가 편리한 마리나, 작지만 아름다운 인공 해변
🏨 10만 원대 중반~ 🏃 공항에서 차량 10분, 이마고 쇼핑몰에서
차량 5분 📍 The Magellan Sutera Resort, 1 Sutera
Harbour Boulevard, Sutera Harbour, Kota Kinabalu
📞 +6088318888 🏠 suteraharbour.co.kr

리조트의 장점을 모두 갖춘 모던한 호텔

더 퍼시픽 수트라 호텔 The Pacific Sutera Hotel

더 마젤란 수트라 리조트가 자연 친화적이고 고급스러운 느낌이라면 더 퍼시픽 수트라 호텔은 모던하고 차분한 느낌이다. 12층의 건물에 다양한 객실 타입을 갖추어 편안하게 지낼 수 있다. 한쪽으로는 날렵한 요트가 드나드는 마리나가 더 마젤란 수트라 리조트까지 이어지고, 한쪽으로는 아기자기한 정원과 풀 바가 있는 수영장, 파도가 발을 간질이는 작은 해변, 또 다른 한쪽으로는 단정한 그린으로 골퍼들을 불러 모으는 27홀 챔피언십 골프 코스 P.039가 펼쳐져 어떤 객실에 머물러도 뷰가 환상적이다. 클럽 룸 또는 스위트룸을 예약하면 11층 클럽 라운지에서 개별 체크인과 체크아웃을 해주며 애프터눈 스낵, 이브닝 칵테일을 비롯한 다양한 서비스를 제공한다. 아침에는 마리나를 산책하고 오후에는 수영을 즐기다가 저녁이면 코타키나발루 선셋 명소인 호라이즌 스카이 바 앤 시가 라운지 P.123에서 달콤한 칵테일을 곁들여 석양을 음미하면 하루가 충만하다. 더 마젤란 수트라 리조트와 마리나까지 운행하는 셔틀버스가 있어 수트라 하버 리조트에서 운영하는 레스토랑과 부대시설을 편리하게 이용할 수 있다.

👍 한국인만을 위한 골드 카드 서비스 P.211, 27홀을 갖춘 챔피언십 골프 코스 P.039, 엘리베이터만 타면 갈 수 있는 호라이즌 스카이 바 앤 시가 라운지 P.123

💰 10만 원대 초반~ 🚶 공항에서 차량 10분, 이마고 쇼핑몰에서 차량 5분

📍 The Pacific Sutera Hotel, 1 Sutera Harbour Boulevard, Sutera Harbour, Kota Kinabalu 📞 +6088318888

🏠 suteraharbour.co.kr

<table>
<tr><td>모든 것이 포함된
올인클루시브 서비스

**수트라 하버
리조트의
골드 카드**</td><td>골드 카드는 더 마젤란 수트라 리조트와 더 퍼시픽 수트라 호텔 등 수트라 하버 리조트 계열 숙소의 객실 이용 시 발급하는 올인클루시브 카드다. 한국인만을 위한 특별한 혜택이기 때문에 수트라 하버 리조트의 공식 한국 사무소를 포함해 국내 여행사에서 객실을 예매할 때만 발급이 가능하다.</td></tr>
</table>

📠 성인 105USD, 어린이 70USD 🕐 1인당 발급되는 카드는 1일 사용 가능(체크인 후 다음 날 체크아웃까지) ✅ 원하는 서비스를 골라 골드 카드 사용을 알리고 예약하자. 방문할 때마다 골드 카드를 반드시 지참하고 제시해야 혜택을 받을 수 있다. 양도, 재발급, 환불이 불가하다.

구분		골드카드 혜택
식사	**공통**	골드 카드 이용 기간 내 조식, 중식, 석식이 모두 포함된다. 리조트의 뷔페식 또는 세트 메뉴를 골라서 맛볼 수 있으며 소프트드링크나 주스 1잔을 제공한다. 별도의 식음료 주문 시 술 종류를 제외한 모든 메뉴가 10% 할인된다.
	조식	투숙 호텔별 레스토랑에서 뷔페로 제공된다. 더 마젤란 수트라 리조트는 파이브 세일스(2층)에서, 더 퍼시픽 수트라 호텔은 카페 볼레(2층)에서 조식을 제공한다.
	중식	더 마젤란 수트라 리조트와 더 퍼시픽 수트라 호텔의 카페 볼레, 알 프레스코, 더 테라스, 마리나 카페, 키디스 클럽, 머핀즈 혹은 마누칸섬의 레스토랑에서 뷔페나 세트 메뉴를 맛볼 수 있다.
	석식	카페 볼레의 뷔페, 알 프레스코의 세트 메뉴를 제공한다. 페르디난드의 세트 메뉴는 성인과 어린이 모두 1인당 15USD의 추가 요금을 내고 이용할 수 있다.
마누칸섬 투어		골드 카드가 있다면 마누칸섬 왕복 페리와 마누칸섬에서의 BBQ 런치 세트를 무료로 이용할 수 있다. 최소 1일 전에 예약 필수. 마리나의 시 퀘스트 앞에서 예약을 확인하고 보트에 탑승한다. 골드 카드 지참 시 스노클링 장비 대여나 바나나보트, 파라세일 등의 액티비티를 10% 할인받을 수 있다. 해양공원 입장료 25링깃 별도.
마리나		푸트리 수트라 요트 15% 할인
스파		만다라 스파와 차바나 스파 예약 시 20% 할인
골프		드라이빙 레인지 무료 이용(클럽 및 50볼 제공), 27홀 정규 그린피 특별가 제공
레저 스포츠		배드민턴, 테니스, 스쿼시, 피트니스 센터, 영화관 이용 및 1일 1회 볼링 1게임(볼링화와 음료 포함)
키즈 클럽		키디스 클럽, 리틀 마젤란(만 3~12세 미만)
레이트 체크아웃		3박 이상 1객실 성인 2명 이상 투숙 시 마지막 날 체크아웃 시간을 낮 12시에서 오후 6시로 무료 연장 가능

아름다운 섬에서의 낭만적인 하룻밤
수트라 앳 만타나니 리조트 Sutera at Mantanani Resort

아쿠아마린을 풀어놓은 듯한 바다색이 황홀하다. 더 마젤란 수트라 리조트에서 출발하는 셔틀버스를 타고 2시간 정도 달리고, 수트라 앳 만타나니 리조트의 전용 선착장에서 보트를 타고 40여 분을 달려오는 수고를 감수할 만큼 아름다운 섬에 자리한 리조트. 객실은 바다를 마주한 시 뷰 샬레와 프리미엄 샬레의 2가지 타입이 인기다. 두 객실 타입 모두 프라이빗한 독채형 빌라로 안락한 소파 공간과 개별 발코니를 갖추었는데, 프리미엄 샬레가 공간이 조금 더 넓고 욕실이 깔끔하다. 객실 문을 열고 발코니를 나서면 희고 고운 모래밭과 선베드, 투명한 바다가 손에 잡힐 듯 가깝게 펼쳐진다. 머무는 동안 아무것도 하지 않은 채 바다를 향한 선베드에 앉아 한껏 여유를 부려도 좋고, 오전 오후에 한 번씩 깊은 바다로 나가는 보트를 타고 스노클링을 하며 니모를 만나거나 무인도에서 선셋을 감상하는 선셋 보트 투어를 하며 만타나니섬에서만 누릴 수 있는 가슴 시린 풍경을 마주해도 좋겠다. 육지와 떨어진 섬이기에 모든 것이 다 완벽할 수 없다는 걸 넓은 마음으로 이해하는 여행자에겐 충분히 만족스러운 곳. 행운이 따른다면 밤바다를 물들이는 블루 플랑크톤이나 듀공을 만날지도 모른다.

👍 셔틀버스와 셔틀 보트 무료, 카약과 패들보트, 스노클링 등 무동력 액티비티 무료, 선셋 및 스노클링 등 다양한 보트 투어 무료
💵 20만 원대~ 🚶 공항에서 차량 2시간 10분 혹은 시내에서 차량 2시간 이동 후 보트 40분
📍 Pulau Mantanani Besar, Kampong Mantanani, Sabah 📞 02-752-6262
🏠 suteraharbour.citytour.com

만타나니섬에서 오래 머물고 싶다면
수트라 하버 리조트의 공식 홈페이지에서 교통편과 1일 3식이 포함된 패키지 상품을 다양하게 살펴보고 예약할 수 있다. 오가는 시간이 꽤 걸려 하루만 머물기는 아쉬우니 일정을 살펴서 선택하자.

인피니티 풀과 루프톱 바를 마음껏 즐기자

코타키나발루 메리어트 호텔 Kota Kinabalu Marriott Hotel

한쪽으로는 탄중 아루의 요트가 바다 위를 유영하고, 한쪽으로는 뭉게뭉게 피어오르는 구름 아래 초록을 머금은 섬이 둥실거린다. 메리어트 호텔의 오션 뷰에 머물면 눈이 부시도록 아름다운 해양공원의 풍경을 하루 종일 만끽할 수 있다. 온화한 베이지색으로 마감한 룸은 단정하고 편안해 오래 머무르기도 좋다. 바다를 향해 ㄷ자로 뻗은 건물의 특성상 코너에 위치한 오션 뷰 룸에서는 바다가 살짝 가려지니 전망에 따른 옵션을 잘 살펴 예약하자. 배를 타고 섬으로 나가지 않아도 해양공원의 청량함이 한껏 느껴지는 인피니티 풀에서 수영을 즐기고, 수영장 옆 조식 레스토랑에서 아침 바다의 상큼함을 곁들여 말레이시아의 밀크티인 테타릭을 맛본다. 스틸로 루프톱 바 앤 테라스 P.124에서 맞이하는 노을도 근사하다. 코타키나발루에 있는 시내 호텔 중에서는 가격대가 높은 편이지만 그만큼 만족도도 높다.

👍 시내 한복판 오셔너스 워터프런트 몰에 위치, 생필품 구매하기 편한 편의점, 청량한 인피니티 풀, 여유로운 루프톱 바 P.124 💵 10만 원대 후반~
🚶 공항에서 차량 10분, KK 워터프런트에서 도보 5분 📍 Lot G, 23A, Jln Tun Fuad Stephens, Kota Kinabalu 📞 +6088286888 🏠 marriott.com/en-us/hotels/bkikk-kota-kinabalu-marriott-hotel

역시나 만족스러운 하얏트
하얏트 리젠시 키나발루
Hyatt Regency Kinabalu

호텔 앞으로는 툰쿠 압둘 라만 해양공원이 푸르게 펼쳐지고, 바닷가를 따라 조금만 걸어 내려가면 중앙시장과 필리피노 마켓이 나온다. 호텔 옆으로는 환전소가 즐비한 위스마 메르데카, 뒤쪽으로는 가야 스트리트의 맛집까지 도보로 섭렵할 수 있으니 이만한 위치가 없다. 층고가 높은 로비 라운지에서는 잠시 앉아 있기만 해도 마음이 편안해지고, 수영장에서 음료수를 한 잔 시켜놓고 선베드에 누워만 있어도 눈이 시원해진다. 통유리로 마감한 오션 뷰 객실은 환하고 넓다. 욕실과 침실 사이에 미닫이문을 두어 침대 공간을 넓게 쓰거나 욕실을 프라이빗하게 쓸 수 있다. 로비 층에 위치한 탄중 리아 키친의 조식은 한국 여행자들 사이에서 맛있기로 소문이 자자하다. 베이커리와 요거트 코너가 알찬 데다 말레이시아의 전통 음식부터 인도, 중국, 일본, 한식 코너가 모두 훌륭하다. 한국에서 먹는 것보다 더 맛있는 오이소박이를 맛볼 수 있어 아침부터 기분이 좋아진다. 체크인할 때 모자이크 P.119의 쿠폰을 주니 잊지 말고 들러 맛있는 젤라토를 맛보자.

👍 투어나 도보 여행을 다니기에 최적의 위치, 맛있는 조식, 근사한 오션 뷰, 모자이크 무료·할인 쿠폰 제공 🏧 10만 원대 초반~
🚶 가야 스트리트에서 도보 5분, KK 플라자에서 도보 5분, 제셀턴 포인트에서 도보 10분 📍 Jalan Dato Salleh Sulong, Pusat Bandar Kota Kinabalu, Kota Kinabalu 📞 +6088221234
🏠 hyatt.com/en-US/hotel/malaysia/hyatt-regency-kinabalu/bkiki

감각적인 디자인으로 마감한 신상 호텔

하얏트 센트릭 코타키나발루 Hyatt Centric Kota Kinabalu

호텔로 들어서자마자 '로비가 이렇게 싱그러울 수 있을까!' 감탄하게 된다. 보르네오섬의 자연을 그대로 옮겨놓은 듯한 따뜻한 갈색의 나무와 초록초록한 대나무, 묵직한 바위를 배치한 자연 친화적인 인테리어가 인상적이다. 청량한 숲속을 거니는 기분은 조식을 제공하는 온22 레스토랑까지 이어진다. 실내외 모두 좌석을 마련한 온22 레스토랑은 단정한 나무색의 테이블이 중심을 잡고, 건물 외벽에도 촘촘한 대나무가 그늘을 드리워 운치 있다. 23층의 더블 인피니티 에지 풀은 물속에서 시티 뷰와 오션 뷰를 즐길 수 있어 아침부터 저녁까지 인기가 많다. 온23 스카이 바 P.125에서는 넓은 통유리를 통해 시그널힐의 울창한 정글이나 가야섬이 둥실 떠 있는 바다를 볼 수 있다. 자연적인 소재를 살리면서도 젊은 감각을 놓치지 않은 객실은 포근한 패브릭의 질감 덕분에 더욱 편안한 느낌을 준다. 욕실과 침실을 가르는 미닫이문에 그려진 키나발루산의 디자인도 감각적이다. 전객실에 작은 소파 자리를 갖춘 발코니를 마련해 이국의 바람을 느낄 수 있다.

👍 모던하고 감각적인 인테리어, 바다와 산 전망 모두 가능한 더블 인피니티 풀, 수리아 사바 쇼핑몰 맞은편 🏧 10만 원대 중반~ 🚶 제셀턴 포인트에서 도보 5분, 가야 스트리트에서 도보 5분 📍 18, Jln Haji Saman, Pusat Bandar Kota Kinabalu, Kota Kinabalu 📞 +601548741234 🏠 hyatt.com/hyatt-centric/bkict-hyatt-centric-kota-kinabalu

218

루프톱과 클럽 라운지에서 즐기는 오션 뷰

르 메르디앙 코타키나발루 Le Méridien Kota Kinabalu

유려한 곡선으로 마감한 통유리창 너머 시원한 바다의 전망을 즐길 수 있는 오션 뷰 룸과 클럽 라운지에서 드넓은 바다를 전세 낸 듯 즐길 수 있는 클럽 룸은 휴양지에서의 멋진 하룻밤을 꿈꾸는 사람들에게 꾸준히 사랑받는 스테디셀러다. 바다가 내려다보이는 발코니에서 자쿠지를 즐길 수 있는 복층 구조의 클럽 스위트룸은 커플들에게 인기가 많아 예약이 금방 마감된다. 넉넉하게 준비된 생수, 산뜻한 휴대용 가글, 욕조를 가로지르는 빨랫줄, 2개씩 거치된 화장실 휴지, 여분의 컵받침뿐만 아니라 무슬림을 위한 기도용 매트까지 비치해두어 세심한 배려에 감탄하게 된다. 2층에 위치한 넓은 수영장은 파라솔과 선베드가 넉넉해 시원한 그늘 자리가 많은 편이다. 바람의 방향에 따라 호텔 앞에서 수산 시장의 냄새가 나는 날이 있지만 로비로 들어서면 쾌적하다. 로비 층의 조식당이나 래티튜드 2층의 아주르 풀 바도 근사하지만 새로 단장한 루프톱 바 P.125에서의 아름다운 석양과 맛있는 칵테일도 만족스럽다.

👍통유리창 너머 근사한 바다가 펼쳐지는 클럽 라운지, 칵테일이 맛있는 루프톱 바 P.125, 널찍한 수영장, 시내 접근성 🏧 10만 원대~
🚶 공항에서 차량 12분, KK 워터프런트에서 도보 5분 📍 Jalan Tun Fuad Stephens, Jln Dua Puluh, Kota Kinabalu
📞 +6088322222 🏠 marriott.com

더 루마 호텔 The LUMA Hotel - A Member of Design Hotels

디자인 호텔을 표방하는 더 루마 호텔은 눈길이 닿는 곳마다 탄성을 자아낸다. 메리어트 본보이 계열인 데다 2022년에 새로 지은 호텔이어서 단정하고 기품 있다. 내추럴한 질감을 살린 로비의 소파와 패브릭은 우아한 색채를 뽐내며 자연스럽게 어우러진다. 인스타그래머블한 스폿이 곳곳에 숨어 있어 사진 찍는 재미가 있다. 카드키를 대고 미로 같은 복도를 지나 방으로 들어가면 울창한 숲속에 온 듯 안정감을 주는 초록색과 자연스러운 우드톤을 살린 인테리어가 산뜻하게 맞이한다. 욕실의 타일과 배스로브, 슬리퍼까지 진한 초록으로 색감을 통일해 편안함을 배가한다. 물기 하나 없이 반짝거리는 금색 수전, 대리석으로 마감한 욕조와 세면대, 도자기로 된 욕실 비누 받침까지 하나하나 모두가 고급스럽다. 방마다 작지만 편안한 소파와 캡슐 커피를 마련해두었다. 룸 타입이 다양해 혼자 혹은 여럿이 여행하는 사람들 모두에게 만족스럽다. 조식은 아라카르트로 제공되며 로비 옆에 카페가 있어 오가며 들르기 좋다.

🖐 인스타그래머블 호텔, 포근한 패브릭과 가구, 객실마다 갖추어둔 캡슐 커피 머신, 분위기 좋은 1층 커피숍 💵 10만 원대~ 🚶 공항에서 차량 11분, 이마고 쇼핑몰에서 도보 11분 📍 Lot 2-5. Block A, Sutera Avenue, Jalan Sembulan, Kota Kinabalu 📞 +6088286900 🏠 thelumahotel.com

대형 쇼핑몰을 마치
호텔 부대시설처럼
그랜디스 호텔 Grandis Hotel

그랜디스 호텔은 수리아 사바 쇼핑몰의 동쪽 끝에 자리 잡아 쇼핑몰에 위치한 온갖 음식점뿐만 아니라 스타벅스와 편의점까지 호텔 부대시설처럼 이용할 수 있다. 호텔 입구가 눈에 잘 띄지 않으니 그랩을 타고 찾아갈 때 헷갈리지 말자. 짙은 갈색의 인테리어로 마감한 룸은 진한 색의 카펫을 깔아 고풍스러운 느낌이 들지만 침구는 산뜻하고 화장실이 깨끗해 기분 좋게 지낼 수 있다. 패밀리 룸에는 킹 베드 하나와 트윈 베드 2개가 놓여 가족 여행자들이 즐겨 찾는다. 방마다 손 소독제를 놓아두는 배려와 옷장에 비치된 사롱, 아침마다 신문을 배달해주는 서비스가 센스 있다. 호텔 앞으로는 공사 중인 부지가 있는데 아직 건물이 올라가지 않아 시 뷰 룸에서 숙박하면 시야를 가리는 건물이 없이 먼바다를 바라볼 수 있다. 저녁이면 멀리 나가지 않아도 루프톱 수영장 옆에 있는 스카이 블루 바 P.126에서 일몰을 바라보며 편안하게 맥주 한잔을 즐길 수 있어 좋다.

👍 일몰을 볼 수 있는 루프톱 바 P.126, 1층에서 연결된 수리아 사바 쇼핑몰, 제셀턴 포인트 바로 옆, 시내 여행이 편리한 위치 💰 9만 원대~ 🚶 공항에서 차량 16분, 제셀턴 포인트에서 도보 3분, 가야 스트리트에서 도보 7분 📍 Suria Sabah Shopping Mall, 1A, Jln Tun Fuad Stephens, Kota Kinabalu 📞 +6088522888 🏠 hotelgrandis.com

위치도 좋고 가성비도 좋다
호라이즌 호텔 Horizon Hotel

가야 스트리트 초입에 있어 위치가 좋고 가성비도 좋은 호텔이다. 공항에서 이동할 때나 시내를 관광할 때 그랩을 타기에도 편리하고, 가야 선데이 마켓을 구경하거나 가야 스트리트의 맛집을 탐방할 때 걸어 다니기도 좋다. 방은 단정하고 화장실도 꽤 넓어 지내기가 편하다. 6층에는 작은 어린이 수영장이 딸린 야외 수영장과 헬스장이 있지만 이용하는 사람이 많지 않아 한가롭다. 바닷가 쪽으로 건물이 많아 오션 뷰보다는 시그널힐을 바라보는 고층에 머무는 편이 전망이 더 좋다.

👍 널찍한 룸, 정문 앞 24시간 편의점,
티엔 티엔 레스토랑과 유잇 청, 이 펑 락사 등
가야 스트리트의 맛집과 가까운 위치
🏧 6만 원대~ 🚶 공항에서 차량 14분,
KK 플라자에서 도보 6분 📍 Jalan Pantai,
Pusat Bandar Kota Kinabalu, Kota
Kinabalu 📞 +6088518000
🏠 horizonhotelsabah.com

새 단장을 마친 깔끔한 부티크 룸
더 제셀턴 호텔 The Jesselton Hotel

코타키나발루에서 가장 오래된 호텔로 가야 스트리트의 한복판에서 이정표 역할을 톡톡히 한다. 고풍스러운 샹들리에가 드리워진 로비에는 그랜드 피아노가 놓여 도도했던 옛 명성을 떠올리게 한다. 옛 모습을 간직한 클래식한 분위기의 수피리어 룸과 디럭스 룸은 방이 넓은 편이며, 모던한 인테리어로 새로 리노베이션한 부티크 룸은 깔끔한 대신 룸 크기가 아기자기하다. 부티크 룸은 워낙 인기가 많아 일찍 매진되니 가야 스트리트의 정취를 아침저녁으로 느끼고 싶다면 예약을 서두르자.

👍 가야 스트리트 한복판, 작지만 모던하게
단장한 부티크 룸, 제셀턴 포인트와 수리아
사바 쇼핑몰 도보 이용, 친절한 서비스
🏧 6만 원대~ 🚶 공항에서 차량 14분,
가야 스트리트 한복판 📍 69, Jalan
Gaya, Pusat Bandar Kota Kinabalu, Kota
Kinabalu 📞 +6088223333
🏠 jesseltonhotel.com

루프톱 수영장을 갖춘 가성비 좋은 호텔
머큐어 코타키나발루 시티 센터
Mercure Kota Kinabalu City Centre

밤늦은 시간 코타키나발루에 입국해 비싼 리조트로 이동하기 전 가성비 좋은 시내 호텔에서 하루이틀 머물며 시내 관광을 하거나 예약한 투어 일정을 소화하는 경우, 제셀턴 포인트를 오가며 섬 투어를 하고 싶은 경우 머큐어 코타키나발루 시티 센터는 꽤 괜찮은 선택이다. 객실은 단정하고 루프톱 수영장도 관리가 잘 되어 있다. 네임드 호텔이긴 하지만 건물의 구조상 전망이 없는 방이나 앞 건물에 가려진 방, 해가 잘 안 드는 방이 있으니 가성비를 따져 방을 예약했다면 너무 큰 기대는 하지 말자.

👍 루프톱 수영장, 깔끔한 네임드 호텔의 객실, 제셀턴 포인트와 편의점, 빨래방이 근처 🏧 7만 원대~ 🚶 공항에서 차량 16분, 가야 스트리트에서 도보 10분 📍 41, Jalan Gaya, Pusat Bandar Kota Kinabalu, Kota Kinabalu 📞 +601548761881 🏠 all.accor.com

가벼운 마음으로 머무는 비즈니스 호텔
홀리데이 인 익스프레스 코타키나발루 시티 센터
Holiday Inn Express Kota Kinabalu City Centre

공항에서 가까운 곳에 자리한 단정한 호텔이다. 익스프레스라는 이름에 걸맞게 체크인과 체크아웃이 신속하게 이루어진다. 수영장은 없지만 로비 층에 작은 헬스장과 아이맥 4대가 놓인 비즈니스 센터, 맥주와 커피를 파는 시그널힐 커피 P.122가 있고 1층에는 셀프 빨래방이 있다. 시내까지 도보로 다니기는 애매해 그랩을 이용해야 한다. 저층은 전망이 좋지 않으니 시그널힐의 초록색 나무숲을 즐기고 싶다면 언덕 전망의 방으로 예약하고 체크인할 때 고층으로 달라고 하자.

👍 맥주도 파는 카페, 저렴한 셀프 빨래방, 편리한 셀프 체크아웃 🏧 6만 원대~ 🚶 공항에서 차량 12분, 가야 스트리트에서 차량 5분 📍 No. 1, Jln Tunku Abdul Rahman, Kota Kinabalu 📞 +6088206888 🏠 ihg.com/holidayinnexpress

으리으리 대저택에서 편안한 숙박
코타 블루 하우스
Kota Blue House

널찍한 거실과 넉넉한 크기의 방이 여러 개 있어서 여러 소그룹이 이용해도 편안하게 머물 수 있는 한인 게스트하우스다. 1층의 거실뿐만 아니라 2층에도 통유리로 마감한 여유로운 공간이 마련되어 여행자들이 오손도손 이야기 나누기 좋다. 마무틱 룸과 마누칸 룸에는 더블베드가 2개씩 놓여 4인 가족을 배려했고, 만타나니 룸에는 싱글 베드를 3개, 가야 룸에는 킹 사이즈 베드 1개, 더블베드 1개와 싱글 베드 1개, 큰 욕조까지 두어 여럿이 머물러도 만족스럽다. 아침에는 푸짐한 한식을 제공하고, 공항까지 픽드롭을 해준다.

👍 공항 픽드롭 서비스, 한식으로 차려지는 조식, 친절한 한국인 스태프　💵 12만 원~
🚶 공항에서 차량 15분, 가야 스트리트에서 차량 11분　📍 Taman Ria 1, Kota Kinabalu
📞 070-7571-2725　🏠 4utravel.co.kr/shop/item.php?it_id=1658382067

인생샷 남기고픈 정글 뷰에서의 하룻밤
올리비아 하우스 Olivia House

오랫동안 코타키나발루에서 살고 있는 한국인 부부의 손길이 구석구석 스며든 게스트하우스다. 시그널 힐에 위치한 저택의 각 방에 큰 통창을 달아 창밖으로 보이는 울창한 열대우림이 근사하다. 탁 트인 풍경이 내다보이는 만타나니 룸에는 조그만 좌탁을, 마무틱 룸에는 작은 소파를 두었다. 올리비아 룸과 가야 룸, 만타나니 룸에는 큰 통창이 ㄱ자로 달려 정글 뷰가 파노라마처럼 펼쳐진다. 사피 룸과 술룩 룸은 독채로 분리되어 일행끼리 프라이빗한 펜션처럼 이용할 수 있다. 한 상 가득 차려지는 조식이 한식으로 제공되어 만족도가 높다.

👍 공항 픽드롭 서비스, 한식으로 차려지는 조식, 친절한 한국인 스태프　💵 12만 원~　🚶 공항에서 차량 17분, 가야 스트리트에서 차량 7분　📍 House 83, Jalan Bukit Bendera Lower, Signal Hill, Kota Kinabalu
📞 +60168332553　🏠 cafe.naver.com/kkolivahouse/15589

코타키나발루 마사지

마사지 제대로 받는 꿀팁

코타키나발루에는 호텔이나 리조트의 럭셔리 스파부터 대형 쇼핑몰 안의 시설을 제대로 갖춘 고급스러운 마사지 숍, 오셔너스 워터프런트 몰이나 와리산 스퀘어 근처의 선셋 마사지 숍, 한인 마사지 숍, 현지인 마사지 숍 등이 있다. 가성비와 가심비를 꼼꼼하게 따져 골라보자.

예약은 빠를수록 좋다 원하는 마사지 숍에서 원하는 시간대에 마사지를 받고 싶다면, 숙박 예약을 마치고 바로 마사지를 예약하자. 낮에 섬 투어나 골프 투어를 다녀오는 사람들이 특정 시간대에 몰리기도 하고, 선셋 마사지나 체크아웃 투어에 포함된 마사지의 경우 시간대는 정해져 있는데 공간은 한정되어 있으므로 일찍 예약하는 편이 좋다.

중요한 건 테크닉 마사지 시설이나 마사지의 압력, 마사지사의 테크닉에 대한 다른 사람들의 후기를 읽고 마사지 숍을 잘 골라보자. 아무리 유명하고 좋은 마사지 숍이라 해도 누가 마사지를 해주느냐에 따라 만족도가 달라지니 원하는 마사지사의 이름을 기억해두면 좋다.

가격만 보지 말고 리뷰도 꼼꼼히 코타키나발루의 마사지 숍 중에서 호객 행위를 하면서 가격을 너무 낮춰 부르는 곳은 위생 시설이 제대로 갖춰지지 않을 수 있다. 위생에 민감하거나 시설이 잘 갖춰진 곳을 원한다면 가격만 보지 말고 시설과 리뷰를 꼼꼼히 살펴보자.

15분 일찍 방문하기 마사지 예약 시간 보다 15분 정도 일찍 도착하자. 예약을 확인하고, 체크리스트를 작성하고,

오일을 고르고, 발을 씻고, 옷을 갈아입는 시간이 여유로워진다. 땀을 많이 흘려 샤워를 먼저 하고 마사지를 받고 싶다면 그 시간을 고려해 방문하는 편이 좋겠다.

내게 맞는 마사지는 무엇일까?

스파마다 가장 자신 있는 마사지를 시그니처로 내세운다. 보통 태국에서는 타이 마사지를, 캄보디아에서는 크메르 마사지를, 베트남에서는 베트남 마사지를 내세우는 식이다. 코타키나발루에서는 보르네오섬의 전통 마사지인 두순 마사지, 등나무 마사지 외에도 오일 마사지, 발 마사지 등을 받을 수 있다.

코타키나발루 전통 마사지 코타키나발루의 전통 마사지 중에는 보르네오섬의 두순족이 농사로 지친 몸을 풀어주기 위해 오일을 이용해 어깨와 목을 집중 케어하는 두순 마사지가 있고, 나무로 몸을 두들겨 탄력을 주는 등나무 마사지가 있다. 익숙하지 않은 마사지여서 호불호가 갈릴 수 있으니 자신의 취향에 맞게 선택해보자.

오일 마사지 오일 마사지는 오일을 사용해 근육을 부드럽게 문지르며 풀어준다. 주로 베트남이나 캄보디아에서 오일을 이용한 마사지를 주로 한다. 고급스러운 숍에서는 원하는 향의 천연 오일을 선택해 마사지를 받을 수 있다. 마사지 볼을 이용해 소리로도 힐링해준다. 오일 마사지의 특성상 부드럽게 근육을 문지르며 풀어준다.

태국 마사지 오일을 사용하지 않는 마사지는 스트레칭과 지압을 위주로 한다. 강한 압력으로 긴장한 근육을 꾹꾹 눌러 풀어주고, 상체와 하체를 크게 움직여 뚝뚝 소리가 날 만큼 스트레칭을 해준다. 태국의 전통 마사지 스타일로 유명하다.

핫스톤 마사지 핫스톤 마사지는 둥글넓적한 돌을 뜨겁게 해서 몸 위에 올려놓거나 문질러 혈액 순환을 돕는다. 허브볼 마사지는 허브나 약초를 천으로 싸고 찐 다음 몸에 강하게 눌러 압박하는 마사지다. 핫스톤 마사지나 허브볼 마사지는 다른 마사지와 병행하는 경우가 많다.

오일 마사지 받고 샤워해야 할까?

오일 마사지가 끝날 때 오일을 물수건으로 꼼꼼하게 닦아주기 때문에 굳이 샤워를 하지 않아도 괜찮다. 다만 날씨가 더워 번들거림이 불쾌하거나, 오일의 향이나 성분이 피부에 맞지 않는 느낌이 들면 샤워실로 안내해달라고 하자.

마사지는 어떤 순서로 받게 될까?

① **마사지 종류 선택하기** 스파에 가면 프로그램을 보고 어떤 마사지를 받을지 고른다. 오일 마사지를 선택하면 여러 가지 오일의 향기를 맡아보고 원하는 오일을 고를 수 있다.

② **웰컴 드링크와 함께 스크럽 받기** 마사지를 받기 전에 몸을 산뜻하게 하는 웰컴 드링크가 나온다. 자리에 앉으면 따뜻한 물과 스크럽 제품으로 발을 씻겨준다. 마사지를 받기 전에 샤워하고 싶다면 미리 이야기하자.

③ **옷 갈아입고 마사지 준비하기** 마사지를 받기 전에 옷을 갈아입는다. 보통 오일 마사지는 팬티 1장을, 타이 마사지는 헐렁한 옷 1벌을 제공한다.

④ **마사지 받기** 선택한 마사지를 받으며 일상의 노곤한 피로를 깨끗이 풀어보자.

⑤ **마사지의 여운 음미하기** 마사지를 받고 나면 다시 옷을 갈아입고 따끈한 차를 마신다. 마사지 이후에 샤워나 사우나를 할 수 있는 숍도 있다. 차를 마시고, 신발을 챙겨 신고, 계산하고 나오면 된다.

팁은 얼마나 주어야 하나?

마사지 숍에서는 보통 서비스의 만족도에 따라 팁을 준다. 코타키나발루에서는 일반적으로 10링깃 정도의 팁을 기준으로 생각하면 무리가 없겠다. 서비스가 영 만족스럽지 않으면 주지 않아도 상관없으며, 오랜 시간 패키지로 마사지를 받았거나 서비스가 충분히 만족스러울 때는 조금 더 주어도 좋다.

마사지 압력 선택하기

코타키나발루의 마사지는 압력이 상당히 약한 편이다. 부드러운 마사지를 좋아한다면 괜찮겠지만 동남아시아 여러 나라에서 시원한 마사지를 받아본 경험이 있다면 메뉴를 고를 때 강한 압력의 마사지를 선택하자.

💧 샹그릴라 탄중 아루

프라이빗한 빌라형 독채에서 조용한 힐링

치 스파 Chi Spa

샹그릴라 탄중 아루의 인공 해변 한쪽에는 파도 소리가 들리는 치 스파가 있다. 수영장과 해변에서 유유자적 시간을 보내다가 원하는 시간에 치 스파로 사부작 사부작 걸어가도 좋고, 로비에서 버기를 불러 치 스파까지 이동해도 좋다. 널찍한 대기실에서 마사지 종류를 선택하고 건강 상태를 체크한 후 원하는 오일을 고른다. 독채형 스파 룸으로 안내받아 들어가면 마사지실과 분리된 탈의실에서 옷을 갈아입고 샤워를 할 수 있다. 마사지실은 프라이빗하면서도 널찍한 초록빛 정원에 둘러싸여 마치 야외에서 마사지를 받는 듯한 기분이 든다. 야외 욕조가 딸린 커플 마사지실도 있으니 로맨틱한 시간을 원한다면 예약할 때 문의해보자. 보디 스크럽, 보디 랩뿐만 아니라 마사지 종류가 다양하다. 오일 마사지인 아시안 블렌드 마사지, 아로마 테라피 마사지 외에 시그니처 말레이시아 에너자이징 마사지가 있다. 중간 정도의 압력으로 마사지를 진행한 후 등나무 줄기로 타닥타닥 몸을 때려 활력을 불어넣는 마사지다. 마사지를 받은 후 따끈한 차를 한 잔 마시고 나오면 무척이나 개운하다.

🚶 시내에서 차량 15분, 샹그릴라 탄중 아루 로비에서 도보 4분 📍 No. 20 Jalan Aru, Tanjung Aru, Kota Kinabalu 🕐 10:00~22:00 🏧 아로마 테라피 마사지 60분 378링깃, 90분 488링깃, 시그니처 말레이시아 에너자이징 마사지 90분 488링깃
📞 +6088325885 🏠 shangri-la.com/kotakinabalu/tanjungaruresort/chi-the-spa

마사지를 받고 사우나와 자쿠지까지 즐기자
보르네오 스파 Borneo Spa

넥서스 리조트에서 머물면서 마사지를 받고 싶다면 멀리 나갈 필요 없이 보르네오 스파를 이용해보자. 넥서스 리조트에서 골프 투어로 며칠 머무른다면 하루쯤 따끈하게 몸을 지지고 마사지를 받아도 좋다. 인포메이션에서 마사지 프로그램을 고르거나 예약을 확인하고 내부로 들어서면 층고가 높아 더욱 고급스러운 로비가 나타난다. 원하는 자리에 앉아 웰컴 티를 마시며 향긋한 오일을 시향한다. 보르네오 스파에는 커다란 규모의 탈의실 안에 거대한 욕조와 자쿠지, 사우나 시설이 되어 있어 마사지를 예약한 사람들이 마사지를 받기 전이나 후에 자유롭게 사용할 수 있다. 실내 마사지실도 깔끔하고 편안하지만 휴가 기분을 만끽하고 싶다면 해변가의 파빌리온에서 야외 마사지를 받을 수 있다. 잠깐 동안 스트레스를 날려버리는 디-스트레스 마사지는 어깨나 허리, 다리를 선택해 받을 수 있고, 아로마 오일로 부드럽게 긴장을 풀어주는 보르네오 릴랙스 마사지는 온몸에 휴식을 선사할 수 있다. 홈페이지에 한국어로 메뉴와 예약 폼이 잘 갖춰져 있으니 미리 예약하고 이용해보자.

🚶 코타키나발루 시내에서 차량 40분, 넥서스 리조트 앤 스파 카람부나이 로비에서 도보 2분 📍 Jln Karambunai, Karambunai, Kota Kinabalu 🕐 10:00~20:00
🆁🅼 디-스트레스 마사지 30분 99링깃, 보르네오 릴랙스 마사지 60분 173링깃, 90분 261링깃 📞 +60128695090 🏠 nexusresort.com/kr/spa-and-wellness

🕉 더 마젤란 수트라 리조트

깔끔하고 쾌적한 마사지로 힐링
만다라 스파 Mandara Spa

세계적인 명성을 자랑하는 만다라 스파답게 쾌적한 마사지실을 운영한다. 널찍한 로비를 지나 마사지실로 들어가면 따끈한 물에 발을 담가 소금으로 잘 닦아준 다음 마사지를 진행한다. 2명의 마사지사가 4개의 손으로 마사지하는 만다라 마사지, 오일 마사지의 대표 격인 발리니즈 마사지, 스포츠 마사지와 비슷한 머슬 이지 마사지 같은 시그니처 마사지를 선보인다. 마사지 룸이 굉장히 다양한데, 선택한 마사지의 종류에 따라 야외 욕조를 사용하거나 바다가 보이는 커다란 욕조를 갖춘 커플 룸에서 마사지를 받을 수 있다. 코타키나발루의 다른 마사지 숍들과 비슷하게 압력이 약한 편이므로 강한 마사지를 원한다면 마사지 종류를 잘 선택하는 편이 좋겠다. 수트라 하버 리조트의 골드 카드로 할인을 받을 수 있고, 종종 할인 이벤트를 진행하니 예약할 때 잊지 말고 문의하자. 스파 숍이 널찍해 천연 오일과 허브로 만든 화장품, 기념품, 스파용품들을 구경하는 재미가 쏠쏠하다.

🚶 코타키나발루 시내에서 차량 15분, 더 마젤란 수트라 리조트 로비에서 도보 3분
📍 Sutera Harbour, Kota Kinabalu
🕐 10:00~22:00 💰 발리니즈 마사지 80분 360링깃, 만다라 마사지 80분 660링깃 (수트라 하버 리조트의 골드 카드 지참 시 20% 할인) 📞 +602363959888
🏠 suteraharbour.co.kr/TMSR_spa.asp

럭셔리한 리조트에서 편안히 즐기는 마사지
더 스파 The Spa

샹그릴라 라사 리아에서 머물다 보면 시내까지 나갈 일이 많지 않을뿐더러 굳이 마사지를 받으러 멀리 갈 필요가 없다. 방마다 전화기 옆에 스파 프로그램이 놓여 있으니 마음에 드는 마사지를 골라 전화로 예약하고 방문하면 편리하다. 더 스파를 찾아가려면 샹그릴라 라사 리아의 가든 윙이나 오션 윙 로비에서 셔틀 버스를 타고 달릿베이 골프 앤 컨트리 클럽 앞에서 내리면 된다. 스파에 들어서면 은은한 향을 뿜어내는 향초와 비누가 진열되어 눈길을 끈다. 선택한 마사지에 따라 자신에게 맞는 오일을 고르고, 웰컴 티를 마신다. 널찍한 1인실과 커다란 욕조가 갖춰져 커플이 이용하기 좋은 2인실 등이 있어 예약한 마사지 종류와 일행 여부에 따라 안내를 받는다. 조명이 어둑하게 세팅된 마사지실이 아늑하다. 시그니처 마사지로는 말레이시아의 전통 마사지 기법에 중국과 인도식 마사지 기법을 혼합한 우루탄 말레이시아, 생강 오일과 레몬그라스 같은 말린 허브로 긴장을 완화하는 시그니처 허브 마사지, 편안한 아로마 테라피 마사지가 있다. 가격만큼 편안한 서비스가 제공되어 만족스럽다.

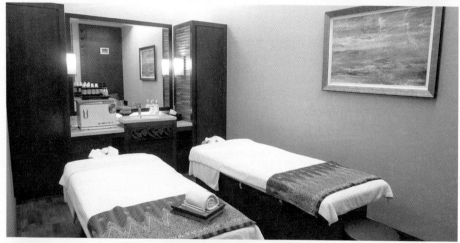

🚶 코타키나발루 시내에서 차량 50분, 샹그릴라 라사 리아 로비에서 셔틀 버스 3분
📍 Pantai Dalit, PO Box 600, Tuaran, Kota Kinabalu ⏰ 10:00~22:00
🆁🅼 우루탄 말레이시아 90분 538링깃, 아로마 테라피 마사지 60분 328링깃, 시그니처 허브 마사지 90분 498링깃
📞 +6088797888 🏠 shangri-la.com/kr/kotakinabalu/rasariaresort/health-leisure/spa

찾아보기